高等职业教育系列教材

影视特效技术项目教程

（After Effects CC）

主　编　薛元昕

副主编　王　宪

参　编　王浩祺

机械工业出版社

本书以影视剧、短视频、视频广告、栏目包装等音视频作品中的特效技术制作需求为依据，采用项目式编写体例，基于 After Effects CC 特效软件，讲解影视特效合成的相关知识和技能，具体包括动画制作、文字特效、形状特效、蒙版使用、表达式、抠像技术、人偶工具、跟踪运动、校色与调色、绘画工具、三维合成、速度调节和综合项目训练等内容，既有知识点、技能点的详细讲解，又有项目操作步骤、技能拓展和课后习题等内容，将知识和技能融入项目制作过程中，全面提高学生的影视特效综合制作能力。

本书既可作为高等职业院校数字媒体应用技术、虚拟现实应用技术及其他计算机类相关专业的 After Effects CC 影视特效制作课程教材，也可作为从事影视特效制作及相关工作技术人员的参考书。

本书配有微课视频，扫描二维码即可观看。另外，本书配有电子课件、教学大纲、题库、试卷、习题答案、教案、素材文件和成片效果文件，需要的教师可登录机械工业出版社教育服务网（www.cmpedu.com）免费注册，审核通过后下载，或联系编辑索取（微信：13261377872，电话：010-88379739）。

图书在版编目（CIP）数据

影视特效技术项目教程：After Effects CC／薛元昕主编 . -- 北京：机械工业出版社，2024.7. --（高等职业教育系列教材）. -- ISBN 978-7-111-76373-4

Ⅰ . TP391.413

中国国家版本馆 CIP 数据核字第 20242BF738 号

机械工业出版社（北京市百万庄大街 22 号　邮政编码 100037）
策划编辑：赵小花　　　　　　责任编辑：赵小花　管　娜
责任校对：张爱妮　张　征　　责任印制：张　博
北京华宇信诺印刷有限公司印刷
2024 年 7 月第 1 版第 1 次印刷
184mm×260mm · 17.25 印张 · 472 千字
标准书号：ISBN 978-7-111-76373-4
定价：69.00 元

电话服务　　　　　　　　　　网络服务
客服电话：010-88361066　　　机　工　官　网：www.cmpbook.com
　　　　　010-88379833　　　机　工　官　博：weibo.com/cmp1952
　　　　　010-68326294　　　金　　书　　网：www.golden-book.com
封底无防伪标均为盗版　　机工教育服务网：www.cmpedu.com

前　言

近年来，我国影视特效制作技术飞速发展，短视频平台呈几何级涌现，影视特效和后期制作人员的需求量急剧增加，成为各类媒体竞争的重要市场和资源。

为满足这一市场需求，本书对接特效技术企业岗位需求和技术标准，以 After Effects CC 特效软件为载体，进行典型工作任务分析，优化教学内容，采用项目式编写体例，凝练出 15 个项目，内容涵盖动画制作、表达式、抠像合成、校色与调色、影片调速等常用特技效果制作，将知识和技能融入项目制作过程中，理论讲解内容翔实，项目设计美观实用，充分体现职业性、实践性和开放性，对学生职业能力提升和艺术素养养成起到支撑作用。

本书将传统文化、工匠精神、团队精神、职业素养等思政元素融入项目设计，配套在线课程，数字资源丰富，每个教学项目配有教学视频、电子课件、制作素材和成片效果，充分体现了"以学生为中心"的教育理念，为学生移动学习提供了极大便利，也为教师进行数字化教学改革提供了丰富的网络资源。

全书共 15 个项目，项目 1~项目 7 为基础知识篇，项目 8~项目 14 为技能进阶篇，项目 15 为综合项目篇。项目内容包括知识点与技能点详细讲解、项目制作方法引导和项目实施、项目小结、技能拓展和课后习题。本书参考学时为 72 学时，各项目内容和参考学时分配见下表。

项　目	课程内容	学时分配	
		线　上	线　下
项目 1	简单特效制作——展开画卷	1	3
项目 2	制作二维动画——热气球	1	3
项目 3	制作文本动画——火焰字	1	3
项目 4	制作形状动画——变形花朵	1	3
项目 5	表达式和表达式控制——指针旋转	1	3
项目 6	制作蒙版动画——珍惜时间	1	3
项目 7	抠像合成——太空漫步	1	3
项目 8	人偶工具——花园赏花	1	3
项目 9	跟踪运动——手机光影	1	3
项目 10	校色与调色——蓝莲花	1	3
项目 11	绘画工具——手写字	1	3
项目 12	三维空间——虚拟画展	1	3
项目 13	影片调速——毽球高手	1	3
项目 14	渲染输出——大功告成	1	3
项目 15	综合训练——电闪雷鸣、保护动物	4	12
课时小计		18	54
课时总计		72	

本书由上海第二工业大学薛元昕担任主编，王宪担任副主编，上海洺拓文化传媒有限公司王浩祺参与了本书的编写，并对本书项目设计和技术标准提出了许多宝贵意见。编写分工为：薛元昕编写项目1、项目6~项目12，王宪编写项目2~项目5、项目13，王浩祺编写项目14、项目15。另外，感谢任远为本书提供了大量企业案例，协助编写团队对本书进行了项目化改造，并制作了部分视频教程。

由于时间仓促，加之编者水平有限，书中难免存在错误和不妥之处，敬请广大读者批评指正。

编　者

Contents **目 录**

前 言

基础知识篇

项目 7 / 抠像合成——太空漫步 ……………………… 95

技能进阶篇

项目 8 / 人偶工具——花园赏花 ………………………… 111

项目 9 / 跟踪运动——手机光影 ························· 124

项目 10 / 校色与调色——蓝莲花 ························· 144

项目 11 / 绘画工具——手写字 ··························· 168

综合项目篇

基础知识篇

项目 1　简单特效制作——展开画卷

【学习导航】

知识目标	1. 了解影视特效的常用术语。 2. 了解影视特效制作的常用素材类型。 3. 了解影视特效常用多媒体格式及其特点。 4. 掌握影视特效制作的基本工作流程。
能力目标	1. 能够在特效软件中导入各种类型的多媒体素材。 2. 导入不同格式素材时，能够根据素材特点选择合适的参数。 3. 能够根据需要设置工作界面和首选项参数。 4. 能够使用格式工厂软件对不同格式的多媒体素材进行转换。 5. 能够按照操作步骤完成第一个项目的制作。
素质目标	1. 具有文化自信，通过作品弘扬真善美，传播正能量。 2. 具有较好的自主学习能力、创新创意能力和艺术修养。 3. 具有诚信、敬业、吃苦耐劳、精益求精的工作态度。 4. 具有较强的沟通协调能力，能与他人建立良好的合作关系。
课前预习	1. 小组讨论当前热播的电影或电视剧中影视特效的应用情况。 2. 观摩国内外影视作品中的精彩特效。

【项目概述】

随着计算机技术和数字合成技术的发展，影视特效技术已广泛应用于影视剧和电视节目制作等领域。借助影视特效技术，可以实现与已经灭绝的古生物近距离接触，或者与外太空可能存在的生物进行交流，可以模拟制作自然界中的风雨雷电效果，也可以在屏幕上呈现出各种惊险、刺激、炫酷的科幻场景，使画面更具表现力和视觉冲击力。

项目 1 完成一个展开画卷的动画效果制作，配合左右两个画轴的运动，实现底纹随画轴同步展开与合并，同时设置画卷上的文字内容逐渐出现的效果。在开始制作该项目之前，需要先了解影视特效技术的基础知识（包括常用术语、素材类型、多媒体格式），熟悉特效软件的工作界面，了解关键帧的概念和作用，掌握特效制作的基本工作流程。

【知识点与技能点】

1.1　影视特效技术的概念

微课视频　微课视频

影视特效技术是指在影视作品中人工制作的各种假象和幻景，例如影视作品中的各种爆破、光效、虚拟角色、虚拟场景等视觉特效，以及雷雨声、爆炸声等声音特效。这些影视特效不仅为影片增加了艺术性和观赏性，减少了制作成本，同时也避免了演员因处于危险境地而受伤的情况。

1.2　影视特效技术的应用领域

近年来，随着影视特效技术的飞速发展，影视特效的应用领域逐步拓展，除了电影、电视剧中大量应用特技镜头外，在短视频、微电影、宣传片、综艺节目、电视栏目包装、视频广告、纪录片、配音机构的声音特效制作等方面也有广泛应用，如图 1-1 所示。

影视特效　　　　　　　　　　　宣传片

综艺节目　　　　　　　　　电视栏目包装

视频广告　　　　　　　　　　纪录片

图 1-1　影视特效技术的应用领域

1.3　影视特效常用素材类型及文件格式

影视特效的制作素材包含多种多媒体元素，分别为文字、图形、图像、动画、音频、视频，如图 1-2 所示。

（1）文字

影片片名、演职人员表、时间、地点以及字幕、说明信息等，大多需要通过文字表达出清晰准确的信息，文字的动画效果也可以为影片增加趣味性。常用的文件格式有 TXT、DOC 和 DOCX、PDF、CHM、PDG、WDL、MOBI、EPUB、AZW3、CAJ、ODT 等。

（2）图形

图形是由计算机内部生成的矢量文件，用于记录关键点的坐标、颜色和填充属性等参数，与图像文件相比，图形文件的优点是文件小，且缩放时不会失真。

（3）图像

图像用于记录屏幕上每个像素点的色彩信息。可以用多种格式保存数字化的彩色静态图像文件，不同格式间可互相转化。图像文件资源丰富，兼容性好。常用的图形图像格式有 BMP、JPG、PSD、TGA、TIFF、PNG、ICO、CDR、AI、RAW 等。

图 1-2　影视特效常用素材类型

（4）动画

动画是多个相关画面连续播放从而形成运动的影像技术，包含手工绘制的传统动画、计算机生成的动画，以及用摄影技术制作的定格动画等。常用的动画格式有 GIF、FLIC/FLI/FLC、SWF、FLA、VR 等。

（5）音频

人耳能够听到的 20Hz~20kHz 之间的声波，称为音频。音频素材是影视制作中不可或缺的重要元素，根据需要添加拟音效果或背景音乐，可增强作品的感染力。通常可采用同期录制和后期录制两种方式。音频数字化时采样频率和采样位数会影响声音信号的质量及其所占用的磁盘空间，采样频率越高，采样位数越大，录制的声音质量越好，音频文件也越大。常用的音频格式有 CD、MP3、WAV、AAC、ALAC、FLAC、MIDI、WMA、OGG、OPUS 等。

（6）视频

图像以 24fps（帧/秒）以上的帧速率播放得到平滑连续的视觉效果，称为视频。PAL 制式电视画面的帧速率为 25fps，NTSC 制式电视画面的帧速率为 29.97/30fps，电影画面的帧速率为 24fps。描述画面色彩数用"位"，通常有 8 位、16 位、24 位、32 位。n 位颜色指对应的颜色数量为 2 的 n 次方，比如 8 位就有 256 种颜色。常用的视频格式有 AVI、TGA、MP4、RM、MOV、WMV、ASF、nAVI、3GP、FLV、MKV、WebM、VOB、F4V 等。

不同类型的多媒体素材可以利用格式工厂等格式转化软件进行格式转化、压缩、音视频合并或分离等操作，或利用媒体软件将素材或者成片进行处理从而达到理想的效果。

1.4　After Effects 特效软件启动界面介绍

Adobe After Effects 简称"AE"，是 Adobe 公司推出的一款用于制作高端视频特效系统的专业特效合成软件。工欲善其事，必先利其器，在学习影视特效制作之前，首先要熟悉 AE 软件的基本操作和工作界面，了解各个面板的名称和作用。

（1）软件欢迎界面

安装 AE 软件后，在桌面上双击快捷图标，可启动软件。AE 软件的欢迎界面如图 1-3 所示。

（2）新建项目和合成

欢迎界面结束后，首先打开软件的"主页"窗口，通过"新建项目"和"打开项目"按钮，可以新建一个项目，或打开已经保存的项目。AE 的"项目"是一个工程文件，可以存储一个或多个合成，以及合成中使用的全部素材链接，类似 Photoshop 软件的.psd 文件。项目文件的扩展名为.aep 或.aepx，如图 1-4 所示。

单击"新建项目"按钮，软件将新建一个无标题的项目。每个项目至少需要包含一个合成，可以通过合成面板中的"新建合成"按钮或"从素材新建合成"按钮，或项目面板下方的"新建合成"按钮■，为项目创建一个新合成，如图 1-5 所示。

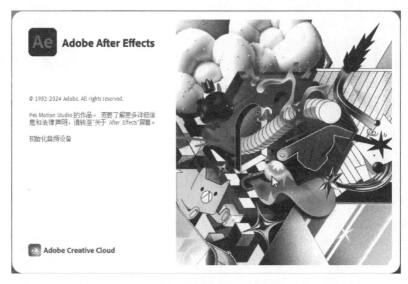

图 1-3　AE 软件欢迎界面

图 1-4　软件"主页"窗口

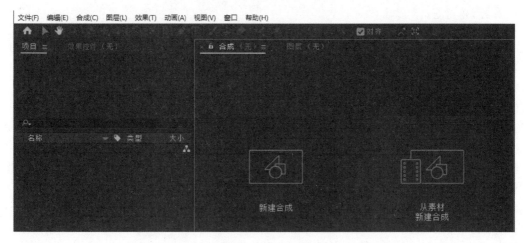

图 1-5　新建项目

单击"新建合成"按钮之后，弹出"合成设置"对话框，在"合成名称"中输入合成的名称；在"基本"选项卡中，可以设置合成的分辨率、像素长宽比、帧速率、持续时间和背景颜色等参数，如图 1-6 所示。按快捷键〈Ctrl+N〉可以新建合成，按快捷键〈Ctrl+K〉，或在时间轴上方选择合成名称，单击鼠标右键，在弹出的菜单中选择"合成设置"，可再次打开"合成设置"对话框，对所选合成进行参数修改。

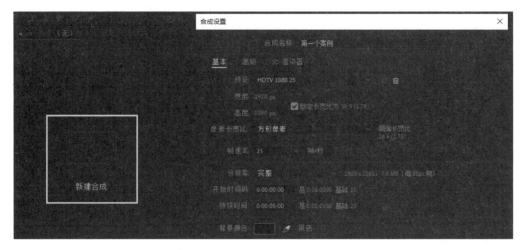

图 1-6　"合成设置"对话框

单击"从素材新建合成"按钮后，打开"导入文件"对话框，选择合适的素材后，单击"导入"按钮，或在素材上双击鼠标左键，将以此素材的分辨率为大小新建合成，如图 1-7 所示。

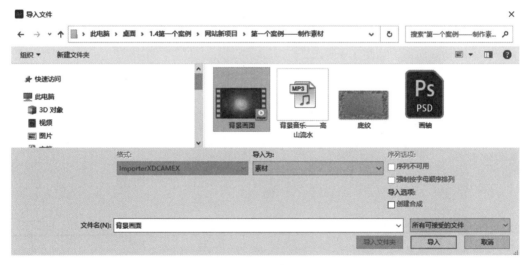

图 1-7　"导入文件"对话框

（3）打开项目

AE 以"项目"的形式保存作品内容，默认保存 5 个项目版本，当保存第 6 个版本时，第 1 个版本将被删除。在"首选项"的"自动保存"选项中，可根据需要修改自动保存文件的"保存间隔"时间长度和"最大项目版本"中的数量等信息。

单击"主页"窗口中的"打开项目"按钮，或按快捷键〈Ctrl+O〉，或在"开始"菜单中选择"打开项目"，可弹出"打开"对话框。选择之前保存的 Adobe After Effects Project 类型文件，单击"打开"按钮，或在工程文件上双击鼠标左键，可打开该项目，如图 1-8 所示。

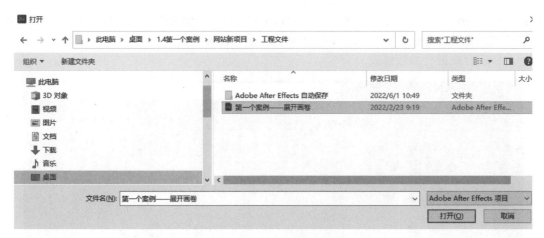

图 1-8 "打开"对话框

1.5 After Effects 特效软件工作界面介绍

AE 软件的主界面，即应用程序窗口，包含多个常用面板，共同构成了软件的工作区。所有面板都可在"窗口"菜单中激活，显示在工作界面上。用户也可以根据自己的习惯改变面板位置，制定个性化的工作区并进行保存；还可以在"窗口"菜单中根据特定任务选择合适的工作区布局。

AE 软件的常用面板有标题栏、菜单栏、工具栏、项目面板、效果控件面板、时间轴面板、合成面板和常用功能面板，如图 1-9 所示。

图 1-9 AE 软件工作界面

（1）标题栏

标题栏显示 AE 软件的版本及项目存放的路径和名称。

（2）菜单栏

菜单栏包括文件、编辑、合成、图层、效果、动画、视图、窗口和帮助。可以通过菜单栏中的常用功能完成项目制作。

（3）工具栏

"主页"按钮 后面是 AE 软件的常用工具，从左到右依次为选取工具 、手型工具 、缩放工具 、三维工具 、旋转工具 、锚点工具 、形状工具 、钢笔工具 、文字工具 、画笔工具 、仿制图章工具 、橡皮擦工具 、Roto 笔刷工具 和人偶控点工具 。选择工具后，该工具的相应属性将显示在工具栏后半部分，可根据需要进行参数设置。

（4）项目面板

项目面板主要用来导入、存放和查找各类素材，并且对素材以文件夹的形式进行管理。在项目面板的素材上单击右键，可对素材进行解释、替换、重命名等操作；选中素材后可在上方窗口中进行预览；扩大项目面板范围可在素材右侧观察素材的类型、大小、帧速率等相关参数；也可将素材直接拖放到项目面板下方的"新建合成"按钮 上，以素材分辨率为大小新建合成。

（5）效果控件面板

效果控件面板可为时间轴上的素材添加多个效果命令，并对参数进行设置和修改，根据需要添加关键帧，制作动画效果，是特效制作的主要工作面板之一。

（6）时间轴面板

项目面板中的素材拖放至时间轴面板中以图层形式存在，操作图层类似于 Photoshop "图层"面板中的操作图层，是项目制作的主要工作区域，可以利用鼠标调整图层在合成中的图层位置、入点出点、素材长度、混合方式、渲染范围等；还可以为图层添加效果命令，与效果控件面板配合制作关键帧动画。

时间轴面板左侧为控制面板区域，默认情况下，系统不显示全部控制面板。可在面板上单击鼠标右键，在弹出的"列数"菜单中选择显示或隐藏面板；也可用鼠标单击时间轴面板左下角的"展开或折叠'图层开关'窗格" 、"展开或折叠'转换控制'窗格" 、"展开或折叠'入点'/'出点'/'持续时间'/'伸缩'窗格" 、"展开或折叠渲染时间窗格" ，来显示或隐藏相关面板。

左侧控制面板区域，从左到右依次为视频 、音频 、独奏 、锁定 、标签 、图层编号 、消隐 、折叠变换/连续栅格化 、品质 、效果 、帧混合 、运动模糊 、调整图层 、3D 图层 。

右侧为图层工作区域，包括时间标尺 、标记 、关键帧 、表达式语句、持续时间条 （图层条模式下）以及图表编辑器 （图表编辑器模式下）。可以通过预合成进行合成嵌套，使项目制作思路更清晰，时间轴面板中的图层结构更加简洁明了。

（7）合成面板

合成面板用来预览合成效果，可手动对素材进行移动、缩放、旋转、翻转等操作；每个合成在项目面板中都有一个条目，双击项目面板中的合成名称，可在时间轴面板中将其打开；合成面板下方是常用工具栏，从左到右依次为放大率弹出式菜单 50% 、分辨率/向下采样系数弹出式

菜单 完整 ▼ 、快速预览 、切换透明网格 、切换蒙版和形状路径可见性 、目标区域 、选择网格和参考线选项 、显示通道及色彩管理设置 、重置曝光度（仅影响视图）、拍摄快照 、显示快照 、预览时间（单击可更改当前时间） 0:00:00:12 。

（8）常用功能面板

打开"窗口"菜单，对需要显示的面板进行激活，即可在工作界面中显示该面板；可通过拖动鼠标对面板位置进行设置，面板会自动调整大小，以适应窗口尺寸；也可在面板右侧的菜单中对面板进行相关设置。

1.6　导入不同类型的素材

AE 软件支持导入静态图像、序列图像、视频、音频、PDF 文档等格式的素材，如果素材不能导入，可尝试使用格式工厂软件对格式进行转换后再导入。

（1）导入单个素材

选择"文件">"导入">"文件"，或按快捷键〈Ctrl+I〉，也可在项目面板空白处双击鼠标左键，打开"导入文件"对话框。单击"导入"按钮，或在素材文件上双击鼠标左键，可导入该素材，如图 1-10 所示。

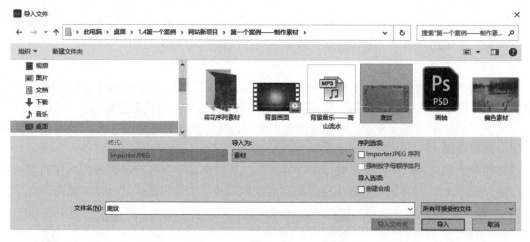

图 1-10　"导入文件"对话框

（2）导入多个素材

若需导入的多个素材文件位于同一文件夹，选择多个连续素材时，首先单击鼠标左键选中第一个素材，然后按住〈Shift〉键的同时选择最后一个素材，单击"导入"按钮即可将选中的多个连续素材导入项目面板；选择多个不连续素材时，在按住〈Ctrl〉键的同时，使用鼠标左键选择后导入。

若需导入的多个素材文件位于不同文件夹，可打开"文件"菜单，选择"导入"中的"多个文件"，或按〈Ctrl+Alt+I〉快捷键，打开"导入多个文件"对话框，即可一次导入；或从资源管理器的不同文件夹中拖放多个素材到项目面板空白处，也可导入多个素材文件，如图 1-11 所示。

（3）导入静态图像序列

可以将一系列静态图像文件作为静态图像序列（每个静态图像作为一个帧）导入。如果将多个内容关联的图像文件作为图像序列导入，这些文件必须位于相同文件夹中。在"导入文件"对话框中，选择第一个静态图片，勾选"序列选项"中的"ImporterJPEG 序列"，单击"导入"按钮。此时所有静态图像以视频的方式导入项目面板，如图 1-12 所示。

图 1-11 "导入多个文件"对话框

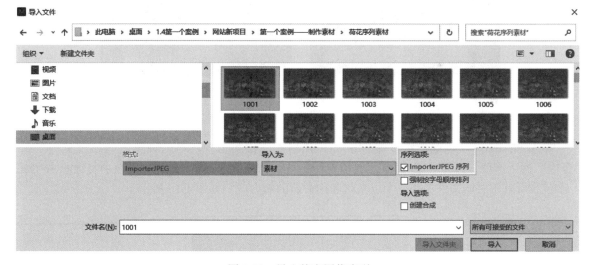

图 1-12 导入静态图像序列

（4）导入 Photoshop 文件

AE 软件可导入 Photoshop 文件的所有属性，包括位置、混合模式、不透明度、可见性、图层蒙版、图层组（导入为嵌套合成）、调整图层、图层样式、图层剪切路径、矢量蒙版、图像参考线以及裁切组等。

PSD 格式文件导入时，"导入种类"包括"素材""合成""合成-保持图层大小"3 个选项，如图 1-13 所示。当"导入种类"选择"素材"，选择"图层选项"中的"合并的图层"时，会将所有图层合并成为一张图片，则不能为独立图层进行效果设置；选择"选择图层"时，可根据需要导入相应的 PSD 图层，并根据需要确定是否将图层样式合并到素材，如图 1-14 所示。

  当"导入种类"选择"合成"或"合成-保持图层大小"时，可根据需要在"图层选项"中选择"可编辑的图层样式"，或选择"合并图层样式到素材"，如图 1-15 所示。单击"确定"按钮后，在项目面板中生成一个包含所有 PSD 图层的文件夹和一个以素材名称命名的新合成，打开合成可以看到 PSD 文件的所有图层放置在时间轴面板中，方便后续为独立图层制作特效。需要注意的是，具有图层样式的图层无法与 3D 图层相交，可选择"合并图层样式到素材"选项。

图 1-13　导入 PSD 文件

图 1-14　"导入种类"选择"素材"

图 1-15　"导入种类"选择"合成"

（5）导入 Illustrator 文件

  导入 Illustrator 文件的操作步骤与导入 PSD 格式文件类似。"导入种类"包括"素材"和"合成"两个选项，选择"素材"，则将所有图层进行合并；选择"合成"，则在项目面板中生成一个包含所有图层的文件夹和一个以素材名称命名的新合成，如图 1-16 所示。

图 1-16　导入 Illustrator 文件

  注意：为了避免工程文件过于庞大，AE 软件在导入素材时并没有把素材本身复制到项目中，只是在项目面板和素材源文件之间建立了相应的链接。

  如果素材移动位置或更改名称，当再次打开工程文件时，会出现素材离线的情况。此时，可在项目面板的离线素材上单击右键，在弹出的菜单中选择"替换素材"中的"文件"，或在项目面板中选择离线素材，按〈Ctrl+H〉快捷键，打开"替换素材文件"对话框，选择丢失的素材重新导入，此时项目中其他的离线素材有可能会同时被找到，如图 1-17 所示。

图 1-17　替换离线素材

1.7　影视特效制作基本工作流程

无论是制作简单的片头动画，还是创建复杂的影视特效，所遵循的基本工作流程都是一样的。通常情况下，一个项目基本的工作流程包含 6 个步骤：构思创意，撰写分镜头脚本；按照分镜头脚本拍摄与组织素材；创建项目与排列图层；添加特效；制作元素动画；预览并渲染输出作品最终合成效果等。

（1）构思创意，撰写分镜头脚本

组建制作团队并进行分工，确定作品主题，撰写文稿和分镜头脚本，为后期拍摄和制作做好准备。

（2）按照分镜头脚本拍摄与组织素材

素材拍摄时需考虑后期特效制作的需求，例如，后期需要进行抠像处理的素材，需在绿幕或蓝幕背景中进行拍摄，且拍摄时还要考虑环境条件，为后期抠像做好前期准备工作。

（3）创建项目与排列图层

启动 AE 软件后，根据设计制作需求新建项目，在项目面板中导入和组织素材；根据需要设置素材的帧频率、分离场和像素长宽比等属性参数，并设置其开始和结束时间以符合制作需求；在合成面板中，可以在二维或三维空间上排列素材内容；在时间轴面板中，可以在时间顺序上排列图层内容；可以使用蒙版、混合模式和抠像工具合成多个图层的图像，也可以使用形状图层、文本图层和绘画工具创建自己的视觉元素，如图 1-18 所示。

（4）添加特效

在效果控件面板中，根据制作需求，可为时间轴面板中的图层添加一个或多个效果组合；添加系统自带的动画预设；或通过安装的第三方插件，添加丰富多彩的特技效果。时间轴面板中的任何图层，都具有变换属性，包括锚点、位置、缩放、旋转和不透明度，可根据制作需要修改图层属性的相关参数；还可以为图层添加图层样式和图层混合模式，如图 1-19 所示。

（5）制作元素动画

在时间轴面板中，可以通过为图层属性添加关键帧或表达式制作图层动画，也可以通过父级关联器、运动草图、跟踪运动等方式制作动画效果；还可以添加系统自带的动画预设，或通过安装的第三方插件，制作丰富多彩的动画效果，如图 1-20 所示。

图 1-18　创建项目与排列图层

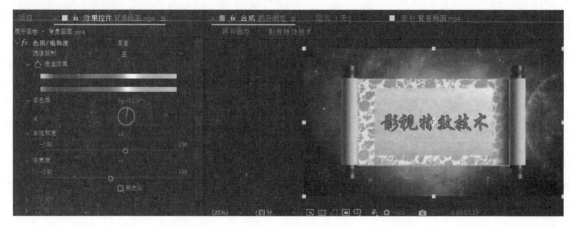

图 1-19　添加特效

（6）预览并渲染输出作品最终合成效果

项目制作完成后，可在计算机显示器或外部视频监视器上对最终合成效果进行预览。预览效果满意后，对合成效果进行渲染输出，使影片内容能够在播放软件中进行播放。使用"文件">"导出">"添加到渲染队列"，或"合成">"添加到渲染队列"，或按键盘快捷键〈Ctrl+M〉，将一个或多个合成添加到渲染队列中。可在渲染设置和输出模块设置对话框中，对影片的品质、分辨率、帧速率以及输出位置等参数进行设置，保证作品符合制作要求，如图 1-21 所示。文件成片输出后，可使用格式工厂等格式转换软件对成片进行格式转换。

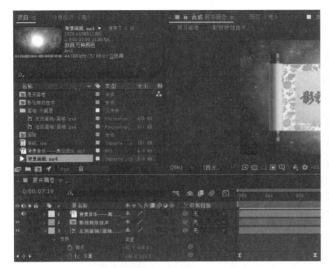

图 1-20　制作元素动画

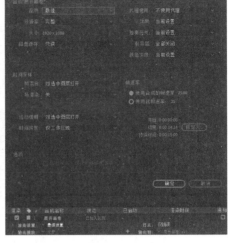

图 1-21　渲染输出作品成片

【方法引导】

本项目成片时长共 15 秒，主要展示画轴和底纹展开、合并的动画效果。首先，通过关键帧动画，制作两根画轴左右分开的运动效果，用时 2~3 秒钟；然后，使用软件自带的动画预设中的文字动画"子弹头列车"效果制作"影视特效技术"文字动画，用时 4 秒钟；最后，通过蒙版动画，制作底纹和文字逐渐显示和逐渐消失的效果，用时 6 秒钟（各动画片段时间有静止画面）。

【项目实施】

项目效果　制作过程

任务 1.8　导入素材并新建合成

1）双击桌面上 AE 软件的快捷图标，打开软件。双击项目面板的空白处，在弹出的"导入文件"对话框中选中所有素材，修改"导入为"选项为"合成-保持图层大小"，单击"导入"按钮，如图 1-22 所示。观察项目面板中导入的素材可以看到，PSD 文件导入后，生成一个画轴合成，同时还有一个同名文件夹，其中存放了 PSD 文件的所有图层文件。

注意：因为素材中有 PSD 格式的图层素材文件，所以在导入时，需要根据项目制作需求，在"导入为"中选择合适的选项，如果选择"素材"类型中的"合并的图层"选项，则所有图层被合并在一起，不能单独对每个图层制作动画效果。

2）拖拽"背景画面.mp4"文件到项目面板下方的"新建合成"按钮上，自动创建一个与视频参数相同的合成。按快捷键〈Ctrl+K〉打开"合成设置"对话框，将"合成名称"由"背景画面"修改为"展开画卷"，设置"持续时间"为 15 秒，如图 1-23 所示。

3）在"背景画面"上单击鼠标右键，选择"时间">"时间伸缩"，将"拉伸因数"修改为150，对背景画面素材进行慢放设置，使其长度与修改后的合成时间等长，单击"确定"按钮，如图 1-24 所示。

4）将画轴的左侧和右侧以及底纹素材从项目面板拖放到时间轴面板上，确保左侧画轴在图层最上方。选中底纹素材，按〈S〉键打开"缩放"属性，调整缩放参数为 187%，调整两侧画轴的位置，使其居于屏幕中央，如图 1-25 所示。

图 1-22 导入素材

图 1-23 从素材新建合成

图 1-24 时间伸缩面板

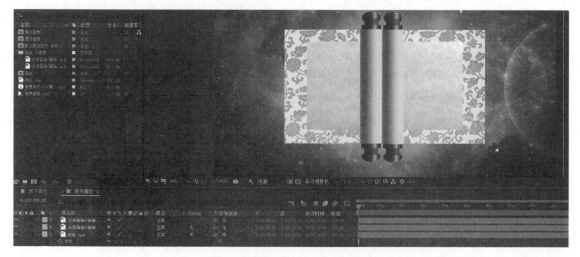

图 1-25 拖放素材到时间轴面板

任务 1.9　制作画卷展开效果

1）选中左侧画轴，按〈P〉键打开"位置"属性，将时间指示器移至 0 秒处，单击码表，为其在 0 秒处添加一个关键帧，如图 1-26 所示。

图 1-26　为左侧画轴添加关键帧

2）在时间轴面板左上方的时间框内输入 212，快速将时间指示器定位到 2 秒 12 帧处。首先在时间轴面板上选中左侧画轴，然后在画面中用左键单击画轴不放，同时按下〈Shift〉键，保证画轴水平移动。使用鼠标向左移动画轴，直至左侧画轴与底纹左侧边界重叠。由于左侧画轴的位置发生了变化，软件自动为画轴在 2 秒 12 帧处创建了一个位置关键帧，按空格键查看效果，如图 1-27 所示。

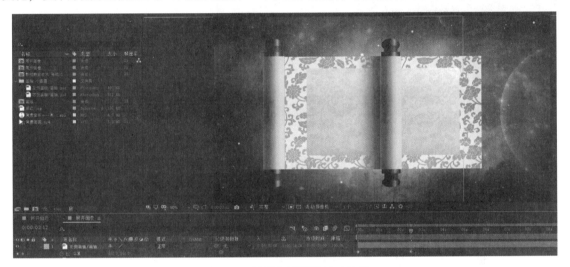

图 1-27　设置左侧画轴运动效果

3）当前画轴为匀速运动，动作有些生硬，为了让动画更有节奏感，需要为其调整动画曲线，选中左侧画轴"位置"属性的两个关键帧，按〈F9〉键使其自动平滑，然后单击时间轴面板上方的图表编辑器，在图表中单击右键，选择"编辑速度图表"。选中曲线，拖动最右侧的手柄直至中间，预览效果，此时画轴的运动先快后慢，呈现变速运动效果，如图 1-28 所示。

4）重复步骤 1）~步骤 3）的内容，为右侧画轴制作 0 秒到 2 秒 12 帧向右移动的动画效果（详见视频教程），如图 1-29 所示。

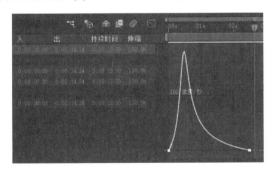

图 1-28　设置左侧画轴变速运动

图 1-29　设置右侧画轴变速运动

任务 1.10   底纹跟随画轴同步展开

1）为底纹素材创建蒙版动画，使其跟随画轴运动逐渐展开。在时间轴面板上选中底纹素材，在工具栏中选择矩形工具并双击，会自动创建匹配底纹大小的蒙版，如图 1-30 所示。

2）在时间轴面板左侧输入 212，将时间指示器定位到 2 秒 12 帧处，展开底纹图层下"蒙版1"属性，单击"蒙版路径"前面的码表，为蒙版 1 的蒙版路径属性添加关键帧，如图 1-31 所示。

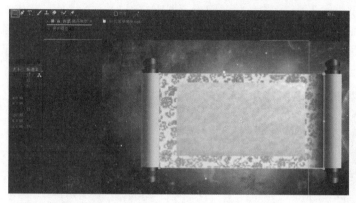

图 1-30　为底纹素材添加蒙版　　　　　　　图 1-31　为底纹素材展开状态添加关键帧

3）将时间指示器移动到 0 秒处，选中蒙版 1，然后在画面中双击蒙版的边框，按住〈Ctrl〉键的同时，使用鼠标左键拖拽蒙版左侧或右侧边框，此时蒙版的左右边框对称向中间移动，直至画面中心，自动创建了一个关键帧，呈现出底纹在开始时合拢的效果，如图 1-32 所示。

4）选中蒙版 1 的两个关键帧，按〈F9〉使其平滑过渡，然后打开图表编辑器，拖动曲线的右侧手柄至中间，最后按空格键预览效果。本步骤与步骤 3）目的相同，都是为了使运动物体产生变速运动效果，让动画具有节奏感，如图 1-33 所示。

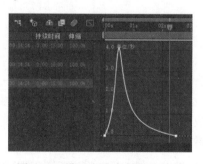

图 1-32　设置底纹素材合拢效果　　　　　　图 1-33　设置底纹素材变速效果

任务 1.11   制作文字动画效果

1）在工具栏中选择横排文字工具，在画面中单击鼠标，输入"影视特效技术"，在文字上双击鼠标左键或按快捷键〈Ctrl+A〉全选文字，在右侧"字符"面板中，设置字体为"华文行楷"，字体大小为 150，字符间距为 −140，字体颜色为 FF0000，描边颜色为 000000，描边宽度为 1，描边方式为"在填充上描边"，修改字体为粗体，最后在"对齐"面板中选择水平对齐和垂直对齐，将文字放置在屏幕中央，如图 1-34 所示。

图 1-34　设置"影视特效技术"文字属性

2）将时间指示器移到 4 秒处，打开"效果和预设"面板。如果当前界面中没有显示该面板，可打开"窗口"菜单，找到"效果和预设"面板，单击将其激活。在"效果和预设"面板中，展开"动画预设">Text>Blurs，选中"子弹头列车"效果，将其拖拽到合成面板的文字上。在时间轴面板中选中该文字图层，按〈U〉键，打开已经添加了关键帧的属性，调整动画结尾的关键帧至 7 秒处，如图 1-35 所示。

图 1-35　设置"影视特效技术"文字特效

注意：工作界面中显示的所有面板，都可在"窗口"菜单中找到。前面有对号即代表已将其激活，可在工作界面中看到此面板，如果不需要可将其关闭。

任务 1.12　制作画卷合拢效果

将时间指示器移到 8 秒处，在时间轴面板中选中左侧、右侧的画轴和底纹图层，按〈U〉键打开已经添加了关键帧的属性，按属性左侧"在当前时间添加或移除关键帧"按钮，在此处为左侧、右侧画轴的位移属性和底纹图层的蒙版路径属性添加关键帧，保持与前一个关键帧相同的参数设置，即物体保持静帧不动的状态。将时间指示器移到 14 秒处，分别复制左右两侧画轴和底纹图层位置属性 0 秒处的关键帧，对应粘贴在 14 秒处，使上述物体的位置还原到初始状态，制作左右两侧画轴和底纹同时合拢的动画效果，如图 1-36 所示。

图 1-36　设置图层静帧和合拢效果

任务 1.13　制作文字消失效果

　　将时间指示器移至 0 秒处，选择文字图层，同时按〈Ctrl+Shift+C〉组合键打开"预合成"对话框，将新合成名称改为"影视特效技术"，单击"确定"按钮，对文字图层进行预合成。选中底纹图层的蒙版 1，按〈Ctrl+C〉键进行复制；选中文字图层，按〈Ctrl+V〉键进行粘贴，将蒙版 1 的蒙版路径动画效果复制给文字图层。展开文字图层蒙版 1 的属性，用鼠标拖拽选定蒙版路径前面的两个关键帧，按〈Delete〉键将其删除；将时间指示器定位到 8 秒的关键帧上，双击蒙版的边框，按住〈Ctrl〉键调整其宽度到与底纹宽度相等。按空格键预览，观看画轴合拢时文字与底纹同步消失的效果，如图 1-37 所示。

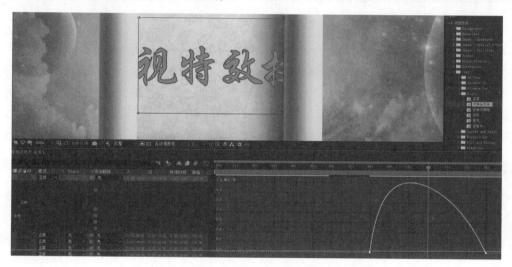

图 1-37　制作文字与底纹同步消失的效果

任务 1.14　添加背景音乐并输出成片

　　1）将项目面板中的背景音乐拖入时间轴面板中，展开音频选项，将时间指示器移到 12 秒处，单击"音频电平"前面的码表创建关键帧，然后将时间指示器移到 15 秒结尾处，调整"音频电平"的参数为-35，制作背景音乐逐渐淡出消失的效果，如图 1-38 所示。

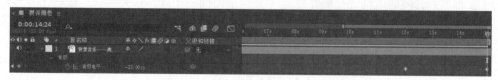

图 1-38　设置背景音乐淡出效果

　　2）按空格键预览最终效果，满意后，按〈Ctrl+S〉键保存工程文件，按〈Ctrl+M〉键对影片进行渲染输出。在"渲染设置"中可根据需要对文件的品质和分辨率等参数进行设置，在"输出模块设置"中可以选择文件的输出格式，如图 1-39 所示。

　　注意：特效软件在"输出模块设置"对话框中提供了 MP3、WAV、AVI、MP4、MOV 和图像序列等多种音视频文件的渲染输出格式，可根据项目制作需要选择适当的音视频格式进行输出。

【项目小结】

本项目介绍了影视特效制作的基本知识和 AE 软件的工作界面，讲解了静态素材、音视频素材、序列图像以及 PSD 格式文件的导入方法和影视特效作品的制作流程。在后续课程中，将对软件的常用功能和影视特效常用效果的制作方法进行详细介绍。

【技能拓展：创建自己的素材库】

制作要求如下。

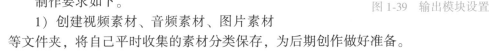

图 1-39 输出模块设置

1）创建视频素材、音频素材、图片素材等文件夹，将自己平时收集的素材分类保存，为后期创作做好准备。

2）创建精彩片段文件夹，将平时浏览的影视剧、短视频等精彩特技效果进行保存，拓展视野，提高艺术修养。

3）创建插件文件夹，安装常用的 AE 插件，拓宽软件的特效功能，提高原创作品质量。

4）创建个人作品文件夹，保存自己平时的作业和原创作品，养成日积月累的好习惯。

【课后习题】

一、单选题

1. 影视节目制作工作流程包括以下基本步骤：

① 构思创意，撰写分镜头脚本

② 制作元素动画

③ 添加特效

④ 预览并渲染输出作品最终合成效果

⑤ 创建项目与排列图层

⑥ 按照分镜头脚本拍摄与组织素材

请选出正确的工作流程顺序：（　　）。

A.③②④①⑤⑥　　　　B.①③②⑤⑥④　　　　C.④①③②⑥⑤　　　　D.①⑥⑤②③④

2. AE 软件利用（　　）的概念来组合素材，可以将其看作透明的玻璃纸，一张一张叠放在一起，如果上层没有图像就可以看到下层画面。

A. 图层　　　　　　B. 合成　　　　　　C. 蒙版　　　　　　D. 通道

二、多选题

1. 在影视节目制作中，常用的素材文件类型包括（　　）。

A. 音频、视频　　　　B. 文字　　　　C. 图形、静态图像　　　　D. 动画

2. PSD 格式文件导入 AE 项目面板时，导入种类包括（　　）、（　　）、（　　）三个选项。

A. 素材　　　　　　B. 合成　　　　　　C. 合成-保持图像大小　　　　D. 合并图层

三、判断题

1. AE 软件是一款用于制作高端视频特效系统的专业特效合成软件。　　　　　　　　（　　）

2. AE 合成概念就是将各种不同的元素有机组合在一起，进行艺术性的再加工，以得到最终作品。（　　）

四、问答题

1. 如何对 AE 软件进行初始化设置？

2. 如何激活并移动 AE 软件的面板？

项目 2 制作二维动画——热气球

【学习导航】

知识目标	1. 了解图层、图层类型和图层的基本属性。 2. 了解图层混合模式和图层样式。 3. 了解关键帧的概念和作用。 4. 掌握一般物体的运动规律。
能力目标	1. 能够根据素材的不同类型选择合适的导入方式。 2. 能够设计、制作物体关键帧动画效果。 3. 能够利用图层基本属性制作关键帧动画效果。 4. 能够熟练使用钢笔工具绘制蒙版路径，并制作路径动画。
素质目标	1. 具有精益求精的工作态度。 2. 具有较强的自主学习能力。 3. 具有较强的创新创意能力。 4. 具有较强的观察能力。
课前预习	1. 预习图层的相关概念。 2. 学会使用钢笔工具。 3. 掌握一般物体的运动规律。 4. 了解 AI 工具在文生图、文生视频等方面的应用情况。

【项目概述】

了解影视特效技术的基本知识后，将进一步学习影视特效中利用关键帧和蒙版路径制作动画的方法。

本项目通过为热气球 1 设置位移、旋转、缩放等属性的关键帧参数，制作热气球 1 从左到右飞过画面的动画效果；通过蒙版路径制作热气球 2 由近及远较为复杂的路径动画效果，并通过位移、旋转、缩放等属性参数的设置，体现近大远小的透视效果。

在制作项目前，需了解图层类型、图层基本属性、图层混合模式、图层样式等基本概念，掌握图层的基本操作、关键帧设置、钢笔工具的使用方法，制作图层基本属性的关键帧动画和物体沿特定路径运动的蒙版路径动画效果。

【知识点与技能点】

微课视频

2.1 AE 的图层类型

与 Photoshop 软件相似，AE 软件也是以图层的形式对素材进行组织和排列的。软件支持多种类型的素材作为图层在时间轴面板中参与项目制作。创建合成后，把项目面板中的素材拖拽到时间轴面板中，软件将自动为素材创建一个新图层；也可以根据制作需要，在时间轴面板空白处单击鼠标右键，选择"新建"命令，由软件创建新图层。

（1）静态图像

AE 支持多种图像格式作为图层直接导入合成。静态图像可自主确定在时间轴上的时间长度。

序列帧和 PSD 格式的素材导入时，可按照需求在对话框中进行参数选择。具体内容参见项目 1 的知识讲解。在时间轴面板中双击图层，可在图层面板中将其打开。

（2）视频图层

AE 支持多种格式视频文件的导入，可以自主选择视频文件的入点和出点。在时间轴面板中双击图层，可在图层面板中将其打开进行预览。画笔工具、仿制图章工具和橡皮擦工具等绘画工具，以及 Roto 笔刷工具和调整边缘工具只能在图层面板中使用。

（3）音频图层

AE 支持多种音频文件的导入，可以在时间轴面板中调节音频图层的音量大小，设置正分贝级别会增加音量，负分贝级别会减小音量。也可以打开音频面板，对音量进行调节，防止音量超过音量表顶部的红色区。

（4）文本图层

与 Photoshop 软件类似，文本图层是用于创建文本的标准方式，可创建横排文字和竖排文字。选择相应的文字工具后，使用鼠标在合成面板中拖拽，可创建段落文本。在字符面板中可以设置字体、大小、颜色等属性，在段落面板中可设置文本的对齐和缩进等属性；在对齐面板中可设置多个文本图层的对齐方式。选择文字工具的快捷键为〈Ctrl+T〉，反复按下快捷键，可在横排文字工具和竖排文字工具之间进行切换。创建文本图层的快捷键为〈Ctrl+Alt+Shift+T〉。

（5）纯色图层

可为场景添加单色背景，也可为其添加特殊效果，目的是使其能和原素材进行合成叠加。创建纯色图层的快捷键为〈Ctrl+Y〉，如需修改纯色图层参数设置，可在"图层"菜单中选择"纯色设置"，或按纯色修改快捷键〈Ctrl+Shift+Y〉。

（6）灯光图层

灯光不影响 2D 图层，只在 3D 图层环境下生效。灯光图层有 4 种类型，分别为平行（从一个方向发出，作用于整个场景，类似于太阳光）、聚光（可调节光源范围来调整光线影响范围，类似于舞台的聚光灯）、点（从一个点发射光作用于 360°，类似于电灯泡）和周围（通用光源，作用于整个场景，不产生投影）。按快捷键〈Ctrl+Alt+Shift+L〉可打开"灯光设置"对话框，创建不同类型的灯光图层。

（7）摄像机图层

摄像机图层不影响 2D 图层，只在 3D 图层环境下生效。可取代之前图层的默认视角，通过摄像机工具可调节摄像机相关参数，变换不同视角。摄像机类型分为单节点摄像机和双节点摄像机，单节点摄像机只控制摄像机的位置，双节点摄像机可控制摄像机位置和被拍摄目标点的位置。按快捷键〈Ctrl+Alt+Shift+C〉可打开"摄像机设置"对话框。

（8）空对象图层

空对象图层不含任何内容，但具有可见图层的所有属性，可作为父级图层控制其他图层的效果。新的空对象图层锚点位于空对象的左上角、合成面板的中心。快捷键为〈Ctrl+Alt+Shift+Y〉。

（9）形状图层

形状图层由形状工具或钢笔工具绘制生成。可根据设计需要对参数进行调节，从而产生多种形状。注意，使用形状工具或钢笔工具绘制形状图层时，在时间轴面板中不要选择任何图层，否则将在选中的图层上绘制出蒙版。

（10）调整图层

调整图层在不改变下方图层属性的状态下，可将其自身效果作用于下方所有图层，如对多个图层进行颜色、亮度等调节，添加调节图层后可一次性完成，提高制作效率。在调整图层上添加蒙版，可对效果的应用范围进行限定。快捷键为〈Ctrl+Alt+Y〉。

（11）内容识别填充图层

与 Photoshop 软件中的内容识别填充功能相似，帮助用户快速修复画面中的缺陷或删去不必要的部分。除了可以为静态图片进行内容识别填充外，还可以利用跟踪器面板，对视频中的穿帮元素或多余部分进行蒙版跟踪，对相应位置进行内容识别填充，使画面更加完整连贯。

（12）AdobePhotoshop 文件图层

可以直接在 AE 软件中创建 PSD 文件图层，在"新建"菜单中选择"创建 Adobe Photoshop 文件"后，会自动打开 Photoshop 软件（需提前安装），画布尺寸和当前 AE 合成尺寸一致，在 Photoshop 中的所有操作也会同步在 AE 软件中。

（13）Maxon Cinema 4D 文件图层

在"新建"菜单中选择"创建 Maxon Cinema 4D"文件后，会自动打开 C4D 软件（需提前安装），画布尺寸和当前 AE 合成尺寸一致，所有操作也会同步在 AE 软件中。

（14）预合成图层

将单个或多个图层放置在新合成中，替换原始合成中的图层，用于管理和组织复杂合成，快捷键为〈Ctrl+Shift+C〉。新的嵌套合成成为原始合成中的一个图层，双击预合成图层名称可将其在时间轴面板中打开并进行修改，所做的修改将影响使用该嵌套合成的每一个合成。如果预合成中含有三维图层，则打开合成图层的折叠变换开关，可启用预合成三维空间信息。

2.2　图层基本属性

"变换"属性是时间轴面板中每个图层具备的基本属性，包括锚点、位置、缩放、旋转和不透明度 5 种。单击图层名称和变换属性组名称左侧的箭头，可展开或折叠属性组；按相应快捷键可显示特定属性或属性组，快捷键通常为属性英文名称的首写字母，只有不透明度属性为避免与指示器定位到图层出点的快捷键重复，没有使用字母 O，而是使用了透明度的首写字母 T；按住〈Shift〉键的同时按快捷键，可显示多个属性或属性组，如图 2-1 所示。

图 2-1　图层基本属性

（1）锚点（Anchor Point，快捷键〈A〉）

锚点是图层的中心点，旋转、移动、缩放图层都围绕锚点进行，可使用工具栏中"向后平移（锚点）工具"移动锚点，快捷键为〈Y〉。按住〈Ctrl+Alt+Home〉键，可将锚点移动到当前图层的中心位置；双击工具栏中的锚点工具，将以锚点为中心移动图层；按住〈Alt〉键的同时双击工具栏中的锚点工具，将锚点置于图片中心并位于合成画面的中心点。快捷键只对选中的图层有效，如果需要对多个图层的锚点进行设置，则需要分别选中每个图层并进行锚点快捷键操作。

（2）位置（Position，快捷键〈P〉）

位置属性说明图层在合成中所在的位置，图层左上角为坐标原点（0，0），可通过键盘输入（X，Y）坐标值对图层精准定位；也可选择图层后，在合成面板中使用选择工具 ▶ 拖动所选图层，借助合成窗口下方的"选择网格和参考线选项"工具 ▣，确定图层在合成面板中的位置。

（3）缩放（Scale，快捷键〈S〉）

缩放是围绕图层锚点调节图层放大或缩小的比例，一般处于水平和垂直约束比例状态，可单击属性参考数值前面的"约束比例"按钮 ∞ 解除约束。双击工具栏中的选取工具 ▶，可将所选图层的缩放比例恢复至100%；按住〈Alt〉键的同时单击约束比例按钮，可将所有尺寸设置为相同值；使用选取工具可在合成面板中对选定的对象进行任意缩放。

（4）旋转（Rotation，快捷键〈R〉）

旋转是图层围绕锚点进行角度变化，乘号前面为旋转圈数，乘号后面为旋转角度。也可选择工具栏中的旋转工具 ↻ （快捷键〈W〉），在合成面板中拖动所选物体进行旋转，按住〈Shift〉键时旋转参数每次增加或减少5°；每按一次数字键盘的加号键〈+〉和减号键〈−〉，可顺时针或逆时针旋转1°，按住〈Shift〉键的同时按数字键盘的加号键+和减号键−，每按一次可旋转10°。

（5）不透明度（Opacity，快捷键〈T〉）

不透明度属性决定了图层的透明程度。数值设置为100%时为完全不透明，数值设置为0时为完全透明。

2.3　图层基本操作

（1）创建图层

将项目面板中导入的素材拖放至时间轴面板或合成面板中，可新建图层；在"图层"菜单中选择"新建"，或在时间轴面板的空白处单击鼠标右键，在"新建"菜单中根据需要选择创建不同类型的图层。

（2）选择图层

使用鼠标左键在时间轴面板左侧单击图层名称，可选定目标图层；按住〈Ctrl〉的同时单击鼠标可进行多个目标的选择；按住〈Shift〉键或使用鼠标框选，可选中两个图层之间连续的所有图层；按〈Ctrl+A〉键，可选中时间轴面板中的所有图层；在时间轴面板中单击空白区域或按〈F2〉键，可取消对所有图层的选择。

（3）图层排序

素材由项目面板拖拽至时间轴面板时，可根据需要排放图层顺序；后续调整时，可使用鼠标选择图层名称拖动到图层排列中的任意新位置；也可选中图层，同时按下〈Shift+Ctrl+]〉快捷键，将图层移至最上层，或同时按下〈Shift+Ctrl+[〉快捷键移至最下层；按住〈Ctrl〉键的同时，分别按下左、右中括号键，可以逐层向下、向上移动图层。

（4）图层自动排序

图层有时需要首尾相连排列，首先选择所有需要排列的图层，选择"动画"菜单中"关键帧辅助"下的"序列图层"，打开"序列图层"对话框，不选择"重叠"时，图片首尾相接依次排开；选择"重叠"时，可在"持续时间"中设置重叠时长，在"过渡"中设置溶解效果，如图2-2所示。

图 2-2　图层自动排序

（5）设置出入点

入点即图层有效区域的开始点，出点即图层有效区域的结束点。快捷键为〈Alt+[〉设置入点，〈Alt +]〉设置出点。

（6）图层名称修改

选中图层后，按〈Enter〉键进行修改。

（7）图层删除

选中图层后，按〈Delete〉键删除图层。

（8）图层复制

选中图层后，按〈Ctrl+D〉键复制图层。

（9）拆分图层

选中图层后，按住〈Shift+Ctrl+D〉键在时间指示器所在位置将图层拆分为两段；不选择任何图层时，时间轴面板中的所有图层，在时间指示器所在位置被拆分为两段。

（10）图层的精确定位

在时间轴面板左上方输入时间，如 218 ，快速定位时间指示器到指定时间，如 0:00:02:18 。选中图层，按左、右中括号键〈[〉〈]〉，可将图层入点和出点快速对齐时间指示器所在位置。

（11）图层替换

首先选中时间轴面板中需要替换的图层，按住〈Alt〉键的同时，使用鼠标将项目面板中的新素材拖拽到需要替换的图层上进行覆盖，新图层将会继承原图层中所有的效果参数设置。

（12）父级关联器

将图层的父级关联器拖拽到另一个图层，在二者之间建立父子关系；也可以在"父级与链接"下拉列表中，选择相应的图层作为父级图层。一个图层与另一个图层进行关联后，子图层能够随着父级图层的变化而同步发生相应变化。

2.4　图层混合模式

与 Photoshop 软件中的图层混合模式相同，AE 软件中的图层混合模式控制每个图层与其下面图层混合或交互的方式。图层混合模式不支持使用关键帧制作动画，如需在不同时间设置不同的图层混合模式，可以将图层进行拆分；也可以为图层添加"复合运算"效果，通过关键帧在不同时间设置不同的混合模式。

按照图层混合模式结果的相似性，混合模式共分为 8 种类型，分别为正常、减少、添加、复杂、差异、HSL、遮罩和实用工具，如图 2-3 所示。

图 2-3　图层混合模式

（1）"正常"类型

选项包括正常、溶解、动态抖动溶解。

- 正常：源图层颜色正常显示，不透明度小于 100% 时，根据不透明度大小影响本图层颜色（源颜色）和下面图层颜色（基础颜色）的显示。"正常"是默认模式。
- 溶解：控制层与层的融合显示，效果受到当前层不透明度和羽化程度的影响。
- 动态抖动溶解：基于溶解模式对融合区域进行随机动画。

（2）"减少"类型

选项包括变暗、相乘、颜色加深、经典颜色加深、线性加深、较深的颜色。这类混合模式往往会使颜色变暗，其中一些混合颜色的方式与在绘画中混合彩色颜料的方式大致相同。

- 变暗：查看通道中的颜色信息，以源颜色通道值和相应的基础颜色通道值中的较深者作为结果颜色通道值。
- 相乘：即正片叠底模式，对于每个颜色通道，将源颜色通道值与基础颜色通道值相乘，再除以 8-bpc、16-bpc 或 32-bpc 像素的最大值，具体取决于项目的颜色深度。如果任一输入颜色为黑色，则结果颜色为黑色；如果任一输入颜色为白色，则结果颜色为其他输入颜色。常用于去除白色背景。
- 颜色加深：通过加强对比度来强化暗部与中间调区域。
- 经典颜色加深：相比颜色加深模式，在画面变暗的同时增强对比度。使用它可保持与早期项目的兼容性。
- 线性加深：通过减少亮度使像素变暗，与相乘的效果类似，但可以保留下方图层更多的颜色信息。
- 较深的颜色：与其他变暗模式不同的是，比较两个图层复合通道的值（RGB），并显示较深的颜色，不会产生新的颜色。

（3）"添加"类型

选项包括相加、变亮、屏幕、颜色减淡、经典颜色减淡、线性减淡、较浅的颜色。这类混合模式往往会使颜色变亮，其中一些混合颜色的方式与混合投影光的方式大致相同。

- 相加：上下图层对应像素的 R、G、B 值分别相加，生成新的结果颜色。结果颜色比任意输入颜色都要明亮。
- 变亮：比较各原色通道，分别取出较大值组成新的结果颜色。

- 屏幕：即滤色模式，乘以通道值的补色，然后获取结果的补色。常用于去除黑色背景。
- 颜色减淡：通过降低对比度使颜色变亮，如果源颜色是纯黑色，则结果颜色是基础颜色。
- 经典颜色减淡：相比颜色减淡模式，在画面变亮的同时能保留更多的暗部细节。使用它可保持与早期项目的兼容性。
- 线性减淡：将预乘 Alpha 通道之后的值作为本图层的源像素值，调整效果是源颜色变亮，如果源颜色是纯黑色，则结果颜色是基础颜色。
- 较浅的颜色：比较两个图层复合通道值（RGB），并显示值较大的颜色，不会产生新颜色。

（4）"复杂"类型

选项包括叠加、柔光、强光、线性光、亮光、点光、纯色混合。这类混合模式使亮的更亮，暗的更暗，加强对比。

- 叠加：将输入颜色通道值相乘或对其进行滤色，具体取决于基础颜色是否比 50% 灰色浅。结果保留基础图层中的高光和阴影。
- 柔光：使基础图层的颜色通道值变暗或变亮，具体取决于源颜色。对于每个颜色通道值，如果源颜色比 50% 灰色浅，则结果颜色比基础颜色浅，就像减淡一样；如果源颜色比 50% 灰色深，则结果颜色比基础颜色深，就像加深一样。
- 强光：将输入颜色通道值相乘或对其进行滤色，具体取决于源颜色。对于每个颜色通道值，如果基础颜色比 50% 灰色浅，则图层变亮，就好像被滤色一样；如果基础颜色比 50% 灰色深，则图层变暗，就好像相乘一样。
- 线性光：通过减小或增加亮度来加深或减淡颜色，具体取决于基础颜色，如果基础颜色比 50% 灰色浅，则图层变亮；如果基础颜色比 50% 灰色深，则图层变暗。
- 亮光：通过增加或减小对比度来加深或减淡颜色，具体取决于基础颜色，如果基础颜色比 50% 灰色浅，则图层变亮；如果基础颜色比 50% 灰色深，则图层变暗。
- 点光：基础颜色替换颜色，如果基础颜色比 50% 灰色浅，则替换比基础颜色深的像素，而不改变比基础颜色浅的像素；如果基础颜色比 50% 灰色深，则替换比基础颜色浅的像素，而不改变比基础颜色深的像素。
- 纯色混合：即实色混合模式，最终结果仅包含红、绿、蓝、青、品红、黄 6 种基本颜色及黑色和白色。

（5）"差异"类型

选项包括差值、经典差值、排除、相减、相除。这类混合模式基于源颜色和基础颜色值之间的差异创建颜色。

- 差值：对于每个颜色通道，从浅色输入值中减去深色输入值。使用白色绘画会反转背景颜色；使用黑色绘画不会产生任何变化。
- 经典差值：在暗部区域的表现要优于差值模式。使用它可保持与早期项目的兼容性。
- 排除：创建与"差值"模式相似但对比度更低的结果，如果源颜色是白色，则结果颜色是基础颜色的补色；如果源颜色是黑色，则结果颜色是基础颜色。
- 相减：从基础颜色中减去源颜色，如果源颜色是黑色，则结果颜色是基础颜色。
- 相除：基础颜色除以源颜色，如果源颜色是白色，则结果颜色是基础颜色。

（6）"HSL"类型

选项包括色相、饱和度、颜色、发光度。这类混合模式基于色彩三要素混合上下图层，将颜色的 HSL 形式的一个或多个组件（色相、饱和度和发光度）从基础颜色传递到结果颜色。

- 色相：结果颜色具有源颜色的色相和基础颜色的发光度和饱和度。

- 饱和度：结果颜色具有源颜色的饱和度和基础颜色的发光度与色相。
- 颜色：结果颜色具有源颜色的色相、饱和度和基础颜色的发光度。此混合模式保持基础颜色中的灰色阶。此混合模式用于为灰度图像上色和为彩色图像着色。
- 发光度：结果颜色具有源颜色的发光度和基础颜色的色相与饱和度。此模式与"颜色"模式相反。

（7）"遮罩"类型

选项包括模板 Alpha、模板亮度、轮廓 Alpha、轮廓亮度。这类混合模式实质上将源图层转换为所有基础图层的遮罩。

- 模板 Alpha：将本图层的 Alpha 通道作为下方所有图层的遮罩。
- 模板亮度：将本图层的亮度通道作为下方所有图层的遮罩。
- 轮廓 Alpha：将本图层的 Alpha 通道反转后作为下方所有图层的遮罩。
- 轮廓亮度：将本图层的亮度通道反转后作为下方所有图层的遮罩。

（8）"实用工具"类型

选项包括 Alpha 添加和冷光预乘。这类混合模式用于专门的实用工具函数。

- Alpha 添加：用于从两个相互反转的 Alpha 通道或从两个接触的动画图层的 Alpha 通道边缘删除可见边缘，实现无缝合成。
- 冷光预乘：当图层素材使用预乘 Alpha 通道时，在混合之后通过将超过 Alpha 通道的颜色值添加到效果中，来防止修剪这些颜色值。应用此模式时，将预乘 Alpha 通道的素材解释为直接 Alpha 通道。

2.5　图层样式

与 Photoshop 软件相同，AE 软件可通过各种图层样式（例如阴影、发光和斜面）来更改图层的外观。在导入 Photoshop 图层时，可以保留这些图层样式；可以在"图层"菜单中为选定的图层添加图层样式；可以在时间轴面板的图层上单击鼠标右键，在弹出的菜单中选择"图层样式"；也可以复制并粘贴任何图层样式，并通过设置关键帧来为图层样式的属性创建动画效果。

AE 软件中共包括 9 种图层样式，分别为投影、内阴影、外发光、内发光、斜面和浮雕、光泽、颜色叠加、渐变叠加、描边，如图 2-4 所示。

1）投影。添加落在图层后面的阴影。

2）内阴影。添加落在图层内容中的阴影，从而使图层具有凹陷外观。

3）外发光。添加从图层内容向外发出的光线。

4）内发光。添加从图层内容向内发出的光线。

5）斜面和浮雕。添加高光和阴影的各种组合，产生倾斜或浮雕的效果。

6）光泽。在图层内容的内部应用阴影，产生平滑光泽的效果。

7）颜色叠加。使用颜色填充图层的内容。

8）渐变叠加。使用渐变填充图层的内容。

9）描边。描画图层内容的轮廓。

图 2-4　图层样式

每个图层的"图层样式"属性组包含"混合选项"属性和所选样式的属性，在所选样式属性中还可以设置"混合模式"来实现对混合操作强大而灵活的控制，如图 2-5 所示。

可以将图层样式应用于 3D 图层，但具有图层样式的图层无法与其他 3D 图层相交或与其他 3D 图层交互以投射和接收阴影。

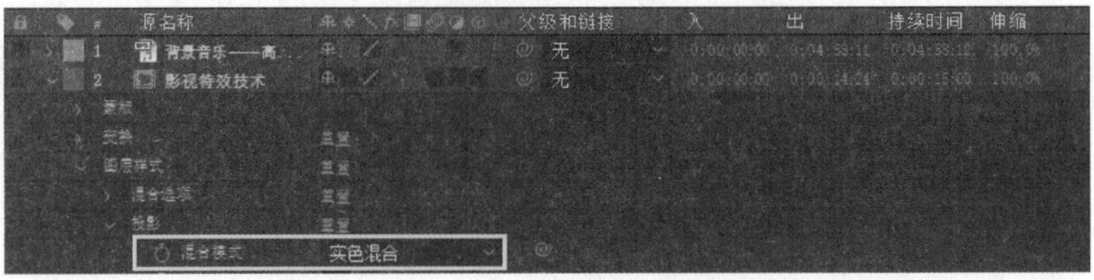

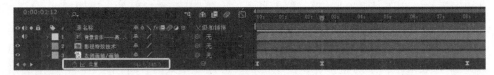

图 2-5 "图层样式"属性组

2.6　关键帧动画

关键帧动画是 AE 软件制作动画的基本方法，通过为图层添加关键帧，记录图层在相应时间点的属性初始参数；当时间指示器对应的时刻发生变化后，如果改变属性的参数，会自动生成新的关键帧。因此，可以通过记录不同时刻属性的参数变化，来实现图层的动画效果，如图 2-6 所示。

图 2-6　关键帧动画

关键帧动画至少需要生成两个关键帧，分别记录初始时刻和结束时刻相应属性的两个不同数值，关键帧之间的过渡由计算机程序自动计算出来，不同时刻关键帧记录的属性参数不同。变化越多，运动越复杂多样，但是计算机的计算时间也会越长。可以在同一图层或不同图层相同或不同属性上进行关键帧移动和复制，来提高动画制作效率；可以在时间轴面板的关键帧上单击鼠标右键，对关键帧进行相关设置。

2.7　关键帧类型

AE 软件包含 6 种不同类型的关键帧。

（1）普通关键帧

形状为菱形███。菱形关键帧又称线性关键帧，包括初始关键帧███、中间关键帧███、结束关键帧███，可以在两个关键帧之间产生匀速变化。

（2）缓动关键帧

形状为纺锤形███，能够使动画的运动变得更加平滑和自然，选中普通关键帧后按〈F9〉键，即可将普通关键帧转换为缓动关键帧。缓动关键帧包括起始缓动关键帧███、中间缓动关键帧███和结束缓动关键帧███。

（3）缓入、缓出关键帧

选中普通关键帧后按〈Shift+F9〉键，即可以将普通关键帧转换为缓入关键帧███；选中普通关键帧后按〈Ctrl+Shift+F9〉键，即可以将普通关键帧转换为缓出关键帧███，可以在两个关键帧之间产生加速和减速的变速过程。

（4）平滑关键帧

形状为圆形 ，使动画曲线变得平滑可控，让动画的转变衔接更加自然流畅。按住〈Ctrl〉键的同时单击关键帧即可实现转换。

（5）定格关键帧

定格关键帧分为 3 种类型，一种是文本图层改变源文本的正方形关键帧 ，文本内容在关键帧处发生突变，可以在一个文本图层内变换多个源文本内容，如图 2-7 和图 2-8 所示。

图 2-7　源文本突变前关键帧

图 2-8　源文本突变后关键帧

选择普通关键帧，单击鼠标右键，选择"切换定格关键帧"，可将其转换为定格关键帧 ，在左侧菱形部分动画状态为匀速运动，在右侧定格关键帧处动画状态发生突变。

选择缓动关键帧，单击鼠标右键，选择"切换定格关键帧"，可将其转换为定格关键帧 ，在左侧纺锤形部分动画状态为变速运动，在右侧定格关键帧处动画状态发生突变。

（6）漂浮穿梭时间

漂浮穿梭时间能够自动计算中间关键帧的位置，并随着开始和结束关键帧的位置自动调节中间所处的位置，使物体保持运动速度恒定。注意，只有当关键帧不是图层中的第一个或最后一个关键帧时，该关键帧才可以漂浮。

例如，小球沿螺旋线运动时，时间间隔相等的关键帧产生的运动速率并不恒定，外圈距离长，运动速度较快，点距稀疏；内圈距离短，运动速度较慢，点距密集，如图 2-9 所示。手动调节关键帧，很难实现匀速运动。此时，可选中全部关键帧，在关键帧上单击鼠标右键，选择漂浮穿梭时间，可自动计算中间关键帧的位置，点距均匀分布，保证物体运动速度恒定，如图 2-10 所示。

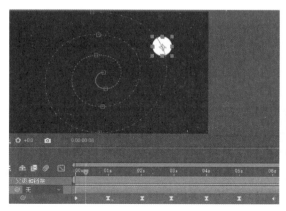

图 2-9　运动速度不恒定

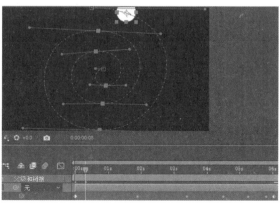

图 2-10　运动速度恒定

<table>
<tr><td>2.8</td><td>路径动画</td></tr>
</table>

在 AE 软件中可以设置物体沿特定路径运动，可借助背景图层或纯色图层，使用钢笔工具绘制开放蒙版路径，并将蒙版路径复制后，在适当时刻粘贴给移动物体的位置属性，即可制作物体沿路径运动的位移动画。根据物体运动规律调节运动速度，通过缩放属性和模糊效果制作近大远小、近实远虚的透视效果，增加动画的真实感和立体感，如图 2-11 所示。

图 2-11　路径动画

在了解了图层属性及其基本操作之后，下面通过案例制作，加深对基本概念和基本操作的了解，熟练掌握关键帧动画、路径动画的制作方法。

【方法引导】

关键帧动画是二维动画制作的基础，在本项目中，利用图层的五大基本属性进行动画制作，通过对不同属性的关键帧设置，制作热气球 1 位移、旋转、缩放等动画效果，用时 10 秒钟；通过蒙版路径制作热气球 2 较为复杂的运动路径，并通过位移、旋转、缩放等基本属性设置，制作热气球 2 飞行过程中摇摆不定、由近及远的运动效果，用时 14 秒钟。通过本项目的制作，熟练掌握利用关键帧、蒙版路径制作二维动画的方法。

【项目实施】

<table>
<tr><td>任务 2.9</td><td>导入素材并新建合成</td></tr>
</table>

项目效果　　制作过程

1）使用生成式人工智能工具 Midjourney 等文生图软件生成 2 个热气球素材，"热气球 1"描述为"请生成表面纹理水平横向环绕的高清热气球，颜色为红黄蓝相间，背景为纯绿色（PANTONE 354），下方有火焰喷射"；"热气球 2"描述为"请生成一个红黄蓝相间的高清热气球，背景为纯绿色（PANTONE 354），光线柔和，下方有火焰喷射"（也可以根据个人喜好生成特色热气球图片）。选择并保存两个满意的热气球图片，在 Photoshop 中去除背景，保存为 PNG 格式的素材文件。使用生成式人工智能工具 Runway 等文生视频软件生成背景素材，和 2 个热气球素材一起存放在文件夹中。

2) 打开 AE 软件，在项目面板的空白处双击，导入"热气球 1""热气球 2""背景"素材。将"背景"素材拖放至项目面板下方的"新建合成"按钮上，以其为大小新建合成，按〈Ctrl+K〉键打开合成设置面板，设置持续时间为 26 秒，如图 2-12 所示。

3) 将"热气球 1"素材拖放至时间轴面板"背景"图层上方，按〈S〉键调出其缩放属性，调节参数使热气球大小适中。在工具栏中选择锚点工具，将热气球 1 的锚点移至大约气球的重心，如图 2-13 所示。

图 2-12　设置持续时间

图 2-13　调节热气球 1 大小并移动锚点

任务 2.10　热气球 1 从左到右飞行

1) 选择"热气球 1"图层，按住〈Shift〉键的同时分别按〈P〉键、〈S〉键调出位置、缩放属性，在 0 秒处添加关键帧，"位置"为（-35.0，179.0），"缩放"为"4.5%，4.5%"；将时间指示器移至 10 秒处，设置"位置"为（672.0，92.0），"缩放"为"2.5%，2.5%"，路径结果如图 2-14 所示。

图 2-14　设置热气球 1 直线飞行效果

2) 在工具栏中选择"钢笔工具"，在运动路径的约 1/3 和 2/3 处分别添加关键帧。按〈V〉键切换到"选取工具"，将 1/3 处的关键帧适当上移，将 2/3 处的关键帧适当下移，制作热气球运动过程中上下起伏的运动效果，如图 2-15 所示。

图 2-15 设置热气球 1 曲线飞行效果

3）制作热气球 1 随风摇荡的效果。选择"热气球 1"图层，英文状态下按〈R〉键调出旋转属性，在 0 秒处添加关键帧，角度为–2°，在 2 秒处将角度设置为 10°。选中两个关键帧，按〈Ctrl+C〉复制，分别在第 4 秒、第 8 秒处按〈Ctrl+V〉粘贴。使用鼠标单击"旋转"属性标签全选关键帧，按〈F9〉键设置关键帧缓动。按空格键预览效果，如图 2-16 所示。

图 2-16 制作热气球 1 随风摇荡效果

任务 2.11 热气球 2 由近及远飞行

1）将"热气球 2"素材拖放至时间轴面板"热气球 1"图层上方，按〈S〉键调出缩放属性，调节参数使热气球大小适中。在工具栏中选择锚点工具，将热气球 2 的锚点移至大约气球重心的位置。将时间轴指针定位到 10 秒处，选中"热气球 2"图层，按〈[〉键，使图层入点与指针对齐，如图 2-17 所示。

2）选中"背景"图层，在工具栏中选择"钢笔工具"，在"背景"图层上绘制热气球 2 的运动路径。展开"背景"图层属性，选中"蒙版"下的"蒙版路径"，按〈Ctrl+C〉键复制；选择"热气球 2"图层，按〈P〉键打开位置属性，选择"位置"，按〈Ctrl+V〉键粘贴路径。如

图 2-18 所示。按空格键预览，可看到热气球沿路径运动的效果。

图 2-17　设置图层入点

图 2-18　制作路径动画

3）单击时间轴面板的空白处，释放位置关键帧。选择最右侧的关键帧，使用鼠标将其拖拽至 24 秒处，降低气球的运动速度。将时间指示器移至 10 秒处，选择"热气球 2"图层，按住〈Shift〉键的同时单击〈S〉键，打开其缩放属性，设置缩放参数为 4%，添加关键帧；将时间指示器移至 14 秒 06 帧处，设置缩放为 3%；将时间指示器移至 16 秒 10 帧处，设置缩放为 2.5%；将时间指示器移至 24 秒处，设置缩放为 1%，如图 2-19 所示。

4）制作热气球 2 随风摇摆的效果。选择"热气球 2"图层，按住〈Shift〉键的同时按〈R〉键调出旋转属性，10 秒处设置为−5°，添加关键帧；12 秒处设置为+5°；13 秒 17 帧处设置为−5°，14 秒 06 帧处设置为+9°；15 秒处设置为−5°，15 秒 19 帧处设置为+13°；16 秒 10 帧处设置为−8°；18 秒处设置为+6°；20 秒处设置为−5°；22 秒处设置为+5°；24 秒处设置为−5°，制作气球飞行过程中遭遇强气流的摇摆状态，如图 2-20 所示。

5）使用鼠标选择"热气球 2"图层的"旋转"属性标签，将关键帧全部选定，按〈F9〉键转换为缓动，使热气球运动更加平滑顺畅。打开"热气球 1"和"热气球 2"图层的运动模糊开关，以及运动模糊总开关，为两个图层添加运动模糊效果，如图 2-21 所示。

图 2-19　制作热气球 2 近大远小的透视效果

时间	10 秒	12 秒	13 秒 17 帧	14 秒 06 帧	15 秒	15 秒 19 帧	16 秒 10 帧	18 秒	20 秒	22 秒	24 秒
旋转参数/°	−5	+5	−5	+9	−5	+13	−8	+6	−5	+5	−5

图 2-20　制作热气球 2 随风摇摆的效果

图 2-21　设置运动模糊

任务 2.12 添加背景音乐并输出成片

1）在项目面板的空白处双击鼠标左键，导入"热气球背景音乐"。将"热气球背景音乐"拖放至时间轴面板底层。打开图层的波形属性，将图层适当向前拉拽，使背景音乐从一开始就出现。将时间指示器移至 24 秒处，为"音频电平"添加关键帧，将时间指示器移至 26 秒处，将"音频电平"参数设置为-20dB，设置背景音乐淡出效果，如图 2-22 所示。

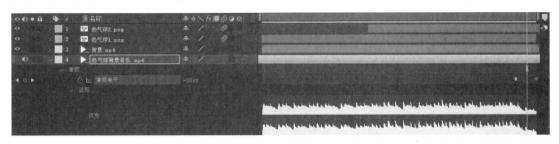

图 2-22 添加背景音乐并设置淡出效果

2）按空格键进行预览，效果满意后，按〈Ctrl+S〉键保存工程文件。按〈Ctrl+M〉键打开渲染队列，在"输出模块"中选择适当的视频成片输出格式，单击"输出到"后面的文件名，选择合适的保存位置，将文件名称修改为"热气球"，单击"渲染"按钮进行渲染输出，如图 2-23 所示。

图 2-23 渲染输出

【项目小结】

本项目介绍了常用图层类型、图层基本属性、图层混合模式、图层样式等基本概念，讲解了图层的基本操作方法。通过案例制作，学习了关键帧动画、路径动画的制作方法，边学边做，学以致用，在项目制作过程中加深了对基本概念的理解，为后续学习打好基础。

【技能拓展1：制作属性动画】

制作要求如下。

1）自行选择运动物体或绘制素材。

2）利用 AE 软件中图层的 5 种基本属性，设计制作物体的运动效果。

3）使用图层属性不限，运动物体种类不限。

【技能拓展 2：制作路径动画】

制作要求如下。

1）使用蒙版制作小球。

2）使用钢笔工具绘制心形路径。

3）制作小球沿心形路径运动的动画效果。

【课后习题】

一、单选题

1. 在 AE 软件中，下列选项不属于图层的是(　　)。

A. 调节图层　　　　　B. 灯光　　　　　　C. 摄像机　　　　　D. 面板

2. (　　)是一种把多个图层嵌套在一个合成中的方法，它把多个图层移动到新的合成内，新合成将取代被选中的图层。

A. 预图形　　　　　B. 预图像　　　　　C. 预合成　　　　　D. 新合成

3. 在 AE 软件中，不属于图层五大基本属性的是（　　）。

A. 路径　　　　　　B. 缩放　　　　　　C. 位置　　　　　　D. 不透明度

4. 在 AE 软件中可以使用(　　)将对一个图层所做的变换指派给另一个图层。

A. 超链接　　　　　B. 父级关联器　　　C. 通道　　　　　　D. 预合成

5. 通过对图层不同属性设置两个以上不同参数的(　　)，即可为图层设置动画效果。

A. 蒙版　　　　　　B. 特效　　　　　　C. 关键帧　　　　　D. 预合成

6. AE 软件可以通过(　　)控制上层与下层的融合效果。

A. 颜色通道　　　　B. 图层混合模式　　C. 图层蒙版　　　　D. 预合成

二、判断题

1. AE 软件只需要设置一个关键帧就可以为图层设置运动效果。　　　　　　　　　　（　　）

2. 为图层设置的位置关键帧越多，所产生的运动变化越复杂。　　　　　　　　　　（　　）

3. AE 软件只能为静态图片设置图层混合模式，其他素材类型则不能设置图层混合模式。　（　　）

4. 图层位置属性移动轨迹上点的疏密程度代表图层的运动速度，点越密集，表示运动越慢；点越稀疏，表示运动越快。　　　　　　　　　　　　　　　　　　　　　　　　　　　　　　（　　）

5. 在关键帧动画中，物体只能是匀速运动，不能实现变速运动。　　　　　　　　　（　　）

三、简答题

1. AE 软件中常见的图层类型有哪些？

2. AE 软件中的关键帧类型有哪些？

【学习导航】

知识目标	1. 掌握字符面板的使用方法。 2. 掌握文本属性中源文本和路径选项的使用方法。 3. 掌握文本图层中文本属性的动画设置方法。 4. 掌握效果和预设面板"动画预设"中"Text"的设置方法。
能力目标	1. 能够使用字符面板对文字进行基本属性设置。 2. 能够使用文本图层的文本属性对文字进行动画设置。 3. 能够根据需要，使用动画预设中的文本动画功能制作动画。 4. 能够熟练使用其他特效命令制作文字动画。
素质目标	1. 具有一定的自主学习能力。 2. 具有较强的艺术修养。 3. 具有较强的创新创意能力。
课前预习	1. 了解字符面板的使用方法。 2. 复习关键帧的设置方法。 3. 了解效果和预设面板"动画预设"中"Text"的预设种类。

【项目概述】

文字动画在影视节目后期制作过程中主要用于传递信息和美化画面，可对画面中的内容进行强调和补充，起到提示、说明作用。色彩鲜明、造型别致、效果炫酷的文字，还可以起到渲染气氛、突出重点的作用。文字的表现形式包括但不限于作品标题、下沿字幕、人物姓名的标注、歌词、片头、演职员表滚动字幕、解释说明、花字效果和动态排版等。

本项目将介绍如何制作手写字和火焰字效果，了解第三方插件的安装和使用方法，讲解如何创建文本图层，掌握文字基本参数的设置方法，学习常用文字动画的制作方式。

【知识点与技能点】

在 AE 软件中，文字主要以文本图层的形式创建。需要注意两点：第一，文本图层是矢量图层，与形状图层和其他矢量图层一样，在缩放图层或改变文本大小时，文本不会失真；第二，AE 软件能自动识别并加载用户安装的字体，用户可以通过下载并安装各种字体，创建出更加具有视觉表现力的文字动画。

微课视频

3.1 文本图层

（1）新建文本图层

在"图层"菜单中选择"新建"中的"文本"；或在时间轴面板空白处单击鼠标右键，选择"新建"中的"文本"；或按住〈Ctrl+Alt+Shift+T〉快捷键，可在时间轴面板中创建空文本图层；在工具栏中选择文字工具，或按快捷键〈Ctrl+T〉可以快速切换到文字工具（反复按下快捷键，可在横排文字工具和直排文字工具之间切换），在合成面板中单击输入文字，也可新建空文本图层，如图 3-1 所示。

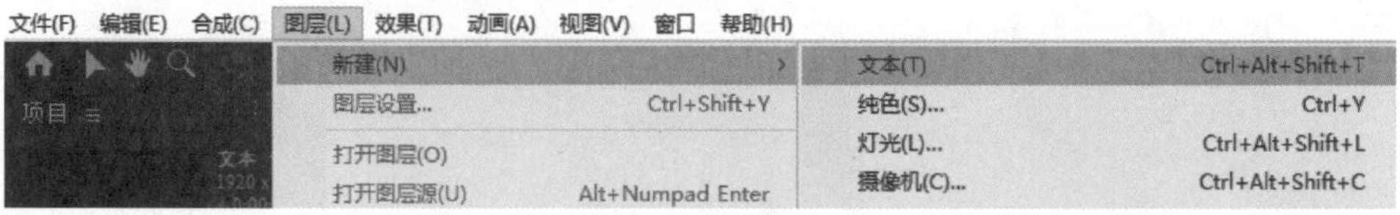

图 3-1　新建文本图层

（2）点文本

AE 软件中的文本包含点文本和段落文本两种类型。点文本适用于输入单个词或一行字符，行的长度随文字内容增加或减少，但不会自动换行。文字工具包含横排文字工具和直排文字工具，根据需要选择后，在合成面板中单击鼠标左键可输入点文本，也可从 Word 等其他应用程序中复制文字到文本图层，如图 3-2 所示。

图 3-2　点文本

对于直排文字内需要横排的文字，可选中文字，在字符面板的下拉菜单中选择"直排内横排"，即可旋转文字方向，如图 3-3 所示。

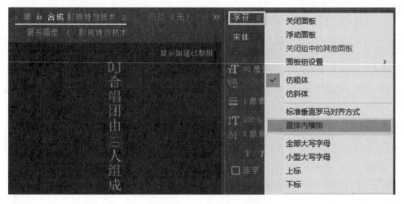

图 3-3　直排内横排

（3）段落文本

在工具栏中选择文字工具后，使用鼠标左键在合成面板中拖拽产生文本框，可输入段落文本；按住〈Alt〉键的同时拖拽鼠标左键，可围绕鼠标点击的中心定义一个文本框。段落文本适用于输入一个或多个段落，可以对文本框的大小进行调整，也可以调整矩形框内文本的排列；按〈Enter〉键可开始一个新段落；可在段落面板中进行对齐、缩进和其他相关参数的设置；也可以从 Word 等其他应用程序复制文字到文本图层的文本框内，如图 3-4 所示。

（4）文本转换

点文本和段落文本之间可以互相转化。在时间轴面板中选择需要转换的文本图层，在工具栏中选择文字工具，在合成面板中的任意位置单击鼠标右键，在弹出的菜单中选择"转换为点文本"或"转换为段落文本"，即可对文本类型进行转换，如图 3-5 所示。

图 3-4 段落文本

 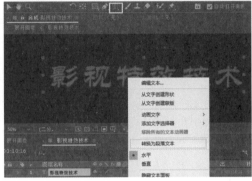

图 3-5 点文本和段落文本转换

横排点文本与直排点文本、横排段落文本和直排段落文本之间可以互相转换排版类型。首先，在时间轴面板中选择需要转换的文本图层，然后，选择工具栏中的文字工具，在合成面板的任意位置单击鼠标右键，在弹出的菜单中选择"水平"或"垂直"，如图 3-6 所示。注意，在文本编辑模式下无法转换文本的排版类型。

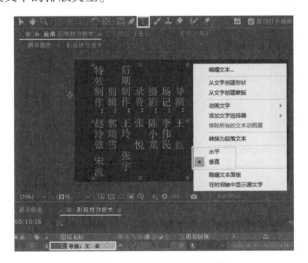

图 3-6 横排与直排文本转换

3.2 基本参数设置

（1）字符面板

字符面板提供了文字基本属性的相关参数设置。双击文本图层将文字全部选中，或在合成面板中选择需要设置的文本，使其高亮显示，此时可在字符面板中设置文字的字体、填充颜色、描边颜色、字符大小、行距、字偶间距和字符间距、描边宽度、垂直缩放和水平缩放比例，以及字符的粗体、斜体、大小写、上下标等相关参数，如图 3-7 所示。

（2）对齐面板

在对齐面板中可对时间轴面板中多个文本图层的内容进行对齐和分布图层处理。"将图层对齐到"包括"合成"和"选区"。将鼠标放在功能按钮图标上停留片刻，可显示该按钮的名称，如图 3-8 所示。

图 3-7　字符面板　　　　　　　　　　　　　图 3-8　对齐面板

Photoshop 中的文本图层以合成方式导入 AE 软件中可继续编辑。在合成面板中打开文件后，在图层上单击鼠标右键，在弹出的菜单中选择"创建"中的"转换为可编辑文字"，即可将文字转换为文本图层，如图 3-9 所示。如果图层包含图层样式，可右键单击图层，在"图层样式"中选择"转换为可编辑样式"，则图层样式将转换为可编辑的图层样式。

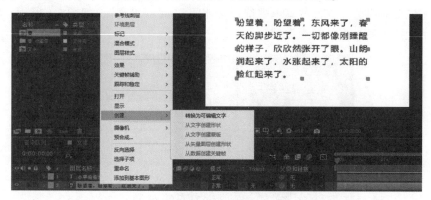

图 3-9　转换为可编辑文字

3.3　设置文本动画

制作文字动画有多种思路，可在时间轴面板中将文字作为普通图层，通过关键帧、父级关联器或表达式等方式，制作文字动画；也可以利用文本图层的"文本"属性制作源文本动画或路径动画；还可以通过系统自带的动画预设和特效命令进行文字动画制作；或使用文本"动画"制作工具中的制作器和选择器，为单个字符或系列字符的许多属性设置文本动画。

（1）将文字作为普通图层制作文字动画

文本图层和普通图层一样，也具有"变换"属性，通过为 5 个基本属性设置关键帧，制作文本的基本动画；也可以根据需要为文本添加相应的效果命令，做出具有特色的文本动画，如图 3-10 所示。

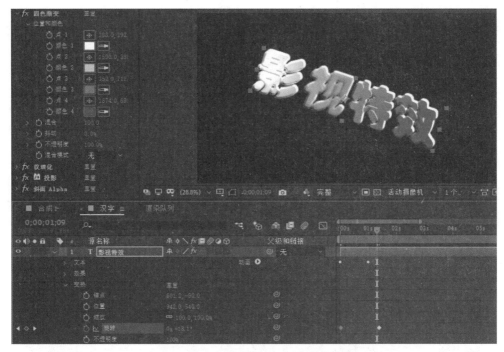

图 3-10　将文字作为普通图层制作文字动画

（2）使用文本图层中的"文本"属性制作文字动画

文本图层除具有普通图层的"变换"属性外，还有属于自己的特殊属性，即"文本"属性，包括"源文本""路径选项""更多选项"3 个默认参数，以及右侧的"动画"制作工具。通过为"源文本"设置关键帧，可以使字符本身随时间的推移更改为不同的字符，或不同的字符参数和段落格式，如图 3-11 所示。

图 3-11　"源文本"关键帧动画效果

使用钢笔工具或蒙版工具，在文本图层上绘制路径，在"路径选项"中将"路径"定义为"蒙版 1"，并且为"首字边距"属性设置关键帧，制作文字沿路径运动的动画效果，如图 3-12 所示。

（3）通过效果和预设面板制作文字动画

AE 软件效果和预设面板中内置了多种动画预设。新建文本之后，可以将动画预设拖拽到文本图层或合成面板中的文字上，为其添加动画效果；也可以根据项目需要调整相关参数，制作出更有创意的文本动画。这种方法可以逐字进行动画制作，而且功能也更加强大，制作出的文字动画更具表现力，如图 3-13 所示。

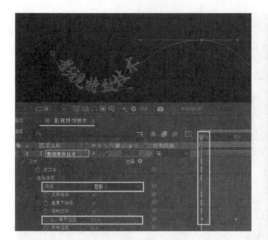
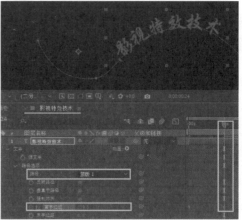

图 3-12　路径文字动画效果

图 3-13　通过效果和预设面板制作文字动画

　　注意："效果和预设"中的"Text"文本施加到文本图层上之后，其特效命令出现在文本图层的"文本"属性中，可通过"添加"为其增加属性和选择器，使动画效果更丰富。

　　除"Text"预设外，其他效果和预设以"效果"形式出现在文本图层中。例如，为文本应用动画预设"行为"类别中的"自动滚动-垂直"，可快速创建文本爬行字幕。此方法常用于制作演职员表滚动字幕，负数为向上滚动，正数为向下滚动，数值越大滚动速度越快，如图 3-14 所示。

　　（4）通过文本"动画"制作工具制作文字动画

　　打开文本属性右侧的"动画"菜单，从"动画"菜单中选择属性，通过文本"动画"菜单中的制作工具和选择器，为文本添加相应的动画效果，如图 3-15 所示。

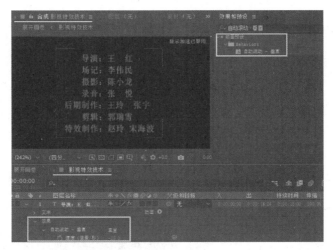

图 3-14　"自动滚动-垂直"效果

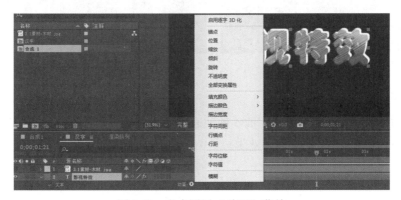

图 3-15　文本图层"动画"菜单

选择"动画"菜单中的"倾斜"，此时会新增"动画制作工具 1"属性，设置"倾斜"角度后，在"范围选择器 1"中，可通过为"起始"和"结束"设置关键帧，控制单个文字的动画效果。此时可通过"动画制作工具 1"右侧的"添加"按钮，在"属性"中选择需要添加动画的相关属性名称，该属性隶属于"动画制作工具 1"，并受"范围选择器 1"中"起始"或"结束"关键帧对单个文字的效果控制；也可根据需要添加选择器中的"范围""摆动""表达式"等选择器，如图 3-16 所示。

再次选择文本图层，在"动画"菜单中添加"位置"属性，则会生成新的"动画制作工具 2"和"范围选择器 1"，此时相关属性将独立于"动画制作工具 1"，产生的动画效果不受"动画制作工具 1"的"范围选择器 1"关键帧控制，如图 3-17 所示。

如需删除应用的参数、范围选择器或动画，可直接单击选中时间轴面板中的效果名称，然后按〈Delete〉键。

在时间轴面板中选中图层，在英文状态下，按〈U〉键，可显示该图层所有添加了关键帧的属性，快速按两次该键，可显示该图层所有参数发生变化的属性名称；按〈E〉键，可显示该图层中添加的效果名称，快速按两次〈E〉键，可显示该图层添加了表达式的属性名称和表达式语句；按〈M〉键，显示该图层添加的蒙版路径属性。不选择任何图层时，按上述快捷键，则显示时间轴面板中所有图层的相应属性。按〈Ctrl+A〉键全选图层，单击任何一个图层前面的折叠按钮，都可快速收起所有打开的图层属性。

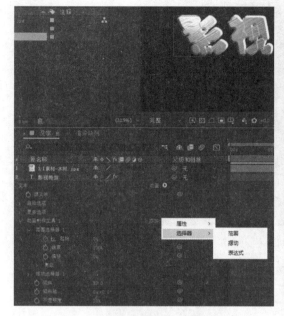

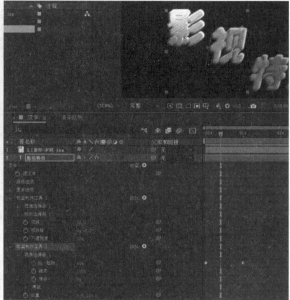

图 3-16　通过文本"动画"制作文字动画　　　　　　图 3-17　生成新的动画制作工具

【方法引导】

本项目制作手写字和火焰字效果。前 5 秒钟通过描边效果，制作文字的书写动画；从第 6 秒开始，利用 Saber 插件制作文字燃烧的效果；第 11~15 秒制作火焰逐渐熄灭的效果。

【项目实施】

任务 3.4　安装 Saber 插件，新建合成并导入素材

项目效果　　制作过程

1）本书资源"资料"＞"常用插件"文件夹中提供了 Saber 插件，将其复制到 AE 软件安装目录下的 Plug-ins 文件夹中，如图 3-18 所示。

ADOBE ＞ Adobe After Effects 2022 ＞ Support Files ＞ Plug-ins

名称	修改日期	类型	大小
(AdobePSL)	2022/7/4 8:07	文件夹	
Cineware by Maxon	2022/7/4 8:07	文件夹	
DataFormat	2022/7/4 8:07	文件夹	
Effects	2022/7/4 8:07	文件夹	
Extensions	2022/7/4 8:07	文件夹	
Format	2022/7/4 8:07	文件夹	
Kevframe	2022/7/4 8:07	文件夹	
Saber——发光插件	2022/10/10 20:43	Adobe After Effe...	850 KB

图 3-18　复制插件到 Plug-ins 文件夹

2）启动 AE 软件，新建合成。在"合成设置"对话框中，将"合成名称"改为"火焰效果"，将"预设"设置为"HD · 1920×1080 · 25fps"，"持续时间"为 15 秒钟，如图 3-19 所示。

3）在项目面板的空白处双击鼠标左键，导入"火焰贴图""火焰背景""火焰背景"素材，如图 3-20 所示。

图 3-19　安装 Saber 插件　　　　　　　　图 3-20　导入素材

任务 3.5　制作手写字效果

1）新建横排文字，输入"火焰"，颜色为"红色"，无描边，字体为方正舒体，字号为 400 像素，字符间距为 400，如图 3-21 所示。在"对齐"面板中设置水平方向和垂直方向居中。

2）首先制作手写字效果。选择钢笔工具，选中"火焰"文本图层，按照书写顺序勾画文字路径。重复上述步骤，直到将文字全部笔画描绘完成，如图 3-22 所示。

图 3-21　新建文字并设置属性　　　　　　图 3-22　钢笔工具勾画文字路径

注意：在绘制路径过程中，为了保证钢笔工具绘制的路径不连续，在每次重新开始书写一段单独笔画时，单击选择文本图层，这样钢笔路径的连贯性会被打断，下次绘制时便会产生一条新的独立的钢笔路径。

3）书写完成后，为文本图层添加"效果">"生成">"描边"，选择描边中的"所有蒙版"和"顺序描边"，适当调节画笔大小和硬度，使用鼠标微调路径，使得白色笔迹将文字全部覆盖，如图 3-23 所示。

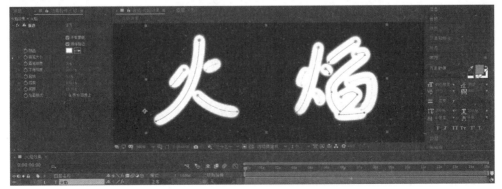

图 3-23　添加"描边"效果

4）调整好笔刷大小后，在 0 秒处为"结束"添加关键帧，并将"结束"数值设为 0%；在 5 秒处设置"结束"为 100%。最后将"绘画样式"改为"显示原始图像"，使文字以原有的字体形态逐渐显示出来，如图 3-24 所示。按空格键可预览文字的书写效果。

图 3-24　设置文字书写动画效果

5）在文字书写过程中适当添加关键帧，并使用转换顶点工具调节蒙版路径，使之与原始文字更加贴合。选择"结束"属性，按〈F9〉键将所有关键帧转换成缓动，打开图表编辑器中的"编辑速度图表"，可在图表中调节文字的书写速度，使文字书写过程更具韵律感，如图 3-25 所示。

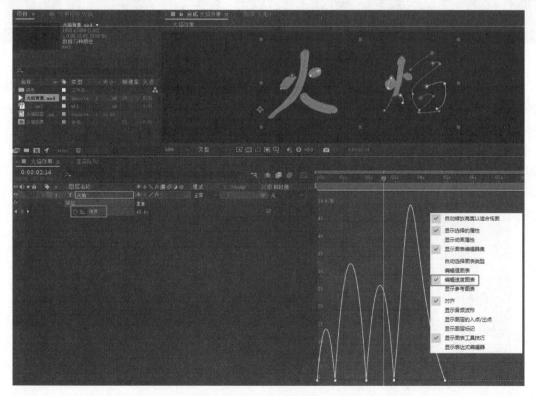

图 3-25　调节文字的书写速度

1）选中"火焰"文本图层，按〈Ctrl+D〉键复制一层。选中"火焰2"文本图层，按〈U〉键，调出"结束"关键帧，删除所有关键帧。将时间轴定位到 6 秒，按〈[〉键，将"火焰2"文本图层的入点移至 6 秒处，如图 3-26 所示。

图 3-26　复制文字图层

2）在时间轴面板空白处，单击鼠标右键，在弹出的"新建"菜单中选择"纯色"，将名称改为"火焰燃烧"，如图 3-27 所示。

3）将时间轴指针定位到 6 秒处，选中"火焰燃烧"图层，按〈[〉键，使图层入点对齐指针。为其添加"效果">"Video Copilot">"Saber"，如图 3-28 所示。

图 3-27　新建纯色图层

图 3-28　添加"Saber"效果

4）"预设"设置为"火焰"，"发光强度"为"15%"，"核心大小"为"3"。在"自定义核心"中，"核心类型"设置为"文字图层"，"文字图层"设置为"火焰2""效果和蒙版"。在"渲染设置"中，"合成设置"改为"透明"，如图 3-29 和图 3-30 所示。

5）将时间轴指针定位到 6 秒，在 6 秒处为"开始偏移"添加关键帧，并将"开始偏移"数值设为 0%；在 11 秒处设置"开始偏移"为 100%，并调节"蒙版演变"数值，使火焰从文字下方开始燃烧，如图 3-31 所示。

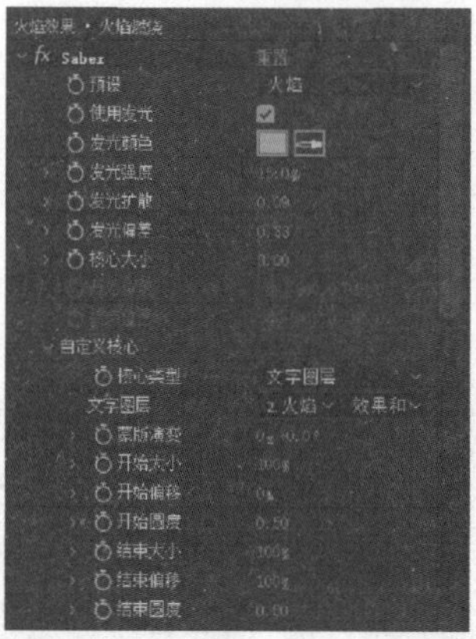

图 3-29　设置"Saber"效果参数　　　图 3-30　"合成设置"改为"透明"

图 3-31　为"开始偏移"添加关键帧

6）选中"火焰燃烧"图层，按〈Ctrl+D〉复制一层，并将其命名为"火焰燃烧 2"。将"火焰燃烧 2"图层移至"火焰燃烧"图层下方。选中"火焰燃烧 2"图层，将"发光颜色"设置为"红色"，"发光强度"设置为"10%"，"核心大小"为"2"，如图 3-32 所示。

图 3-32　修改图层属性

7）选中"火焰燃烧 2"图层，按〈U〉键，打开关键帧。分别调整两个关键帧的位置，将起始关键帧移至 7 秒处，结束关键帧移至 10 秒处，如图 3-33 所示。

图 3-33　调整关键帧位置

任务 3.7　制作火焰逐渐消失的效果

1）将时间轴指示器定位到 11 秒，选中"火焰燃烧"图层，为"发光强度"和"核心大小"添加关键帧；在 15 秒处，设置发光强度为"0%"，核心大小为"0"。"火焰燃烧 2"图层执行同样操作，如图 3-34 所示。

图 3-34　制作火焰逐渐消失的效果

2）制作火焰燃烧中的纹理变化。将"火焰贴图"拖至"火焰 2"文本图层下方，设置缩放比例。将时间轴指示器定位至 6 秒处，按〈[〉键，使图层入点对齐指针，如图 3-35 所示。

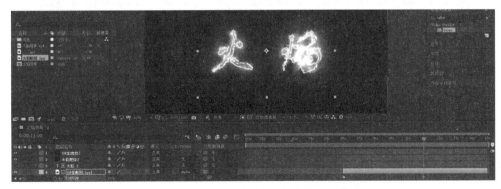

图 3-35　火焰贴图

3）将"火焰贴图"图层的轨道遮罩设置为"Alpha 遮罩"，按〈T〉键，调出不透明度属性。在 6 秒处，设置"不透明度"为 0%；在 11 秒处，设置"不透明度"为 100%，如图 3-36 所示。

图 3-36　制作火焰燃烧中的纹理变化

任务 3.8　添加"火焰背景"素材并调速

1）将"火焰背景"拖至所有图层最下方。右键单击"火焰背景"图层，选择"时间">"时间伸缩"。将"新持续时间"设置为15秒，如图3-37所示。

图 3-37　设置"火焰背景"素材时长

2）选中"火焰背景"图层，按〈Ctrl+Alt+T〉键，启用时间重映射。打开"图表编辑器"，选择"编辑速度图表"，适当调节曲线，使火焰上升碰到字体时，字体开始燃烧，如图3-38所示。

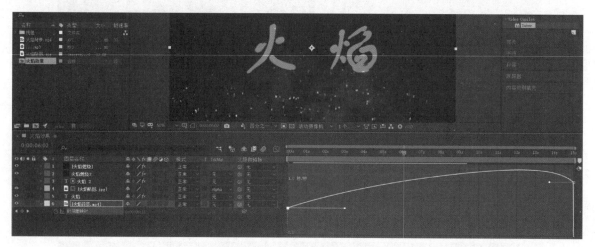

图 3-38　启用"时间重映射"

任务 3.9　添加背景音乐并输出成片

将"火焰背景音乐"拖至图层最下方。调出"音频电平"属性。在0秒处，设置"音频电平"为-10dB；在6秒处，设置"音频电平"为0dB；在11秒处，设置"音频电平"为10dB；在15秒处，设置"音频电平"为-15dB，将火焰燃烧音量与燃烧强度进行匹配，如图3-39所示。按空格键进行预览，效果满意后渲染输出。

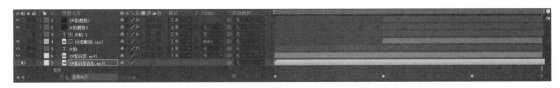

图 3-39 添加背景音乐

【项目小结】

本项目介绍了文本图层的创建方式、文本属性的设置方法，以及文本动画的制作方法。文字在视频作品制作中形式多样，用途广泛，常用的文字特效还有爆炸、燃烧、发光、水墨等，可以通过与其他的特效命令组合进行设计制作。在线课程提供了常用文本动画的制作案例，可以多加练习，熟练掌握文本动画的制作方法；也可以发挥创意，制作出具有个性化的文字效果。

【技能拓展：制作透明文字】

制作要求如下。

1）输入文字，在字符面板中对字体、字号等参数进行设置。

2）将文字作为下层视频素材的 Alpha 遮罩。

3）将视频素材重新拖放至合成中，使文字内外画面融为一体。

4）通过为文字添加投影，使文字轮廓更加清晰。

【课后习题】

一、多选题

1. 在影视后期制作过程中，文字动画的作用包括但不限于（　　）。

A. 动画标题　　　B. 下沿字幕　　　C. 演职员表滚动字幕　　　D. 片头字幕　　　E. 解释说明

2. AE 软件制作文字动画的思路有（　　）。

A. 将文本作为图层，通过图层属性进行动画制作

B. 使用文本"动画"制作工具制作动画

C. 使用动画预设中的文本预设命令

D. 通过文本"动画"制作工具制作文字动画

E. 使用父级关联器进行动画制作

二、判断题

1. 文本图层具有源文本的属性，可在不同时刻显示输入的不同文字内容，通过在变化节点设置不透明度，可以完成文字的淡入淡出效果。（　　）

2. 输入文字后，使用钢笔工具绘制路径，产生蒙版 1，设置路径选项为蒙版 1，文字将附着在路径上。（　　）

3. 在文本图层中使用形状工具绘制圆形路径，此时会产生蒙版，所以文字无法附着在圆形路径上。（　　）

三、简答题

1. 在影视节目后期制作过程中，文字的作用有哪些？

2. 在 AE 软件中，文本图层的属性和其他类型的图层属性有何异同？

3. 在 AE 软件中，制作文本动画的常用方法有哪些？

项目 4　　制作形状动画——变形花朵

【学习导航】

知识目标	1. 掌握形状工具的使用方法。 2. 掌握钢笔工具的使用方法。 3. 掌握形状图层的创建方法。 4. 了解形状图层属性的作用。
能力目标	1. 能够使用形状工具绘制形状，并进行参数设置。 2. 能够使用钢笔工具绘制形状，并使用相关工具调整形状。 3. 能够根据需要设置形状变化并制作形状动画。
素质目标	1. 具有一定的自主学习能力。 2. 具有较强的艺术修养。 3. 具有较强的创新创意能力。
课前预习	1. 了解形状工具的使用方法。 2. 复习钢笔工具的使用方法。 3. 复习关键帧动画的设置方法。

【项目概述】

使用 AE 软件制作特效时，除了需要从外界导入多种类型的素材外，软件本身也可以制作素材。作为影视特效技术中常用的素材之一，形状图层能够制作出复杂多样、绚丽多彩的图案，形状动画能让作品显得更为丰富生动。

在本项目中，使用形状工具绘制五角星，进行参数设置将其变形为花朵，通过形状图层特有的"内容"属性对花朵进行复制并变形为花环，最后制作花环旋转的动画效果。

在制作项目前，需要学习形状图层的创建方法，形状工具和钢笔工具的使用方法，了解形状图层"内容"和"添加"中的属性含义，并通过关键帧动画制作形状图层的动画效果。

【知识点与技能点】

4.1　创建形状图层

微课视频

创建形状图层与创建蒙版有相似之处，都可使用形状工具或钢笔工具创建。不同之处在于，在创建形状图层时，首先按〈F2〉键或在时间轴面板空白处单击鼠标左键，在时间轴面板中不选择任何图层；然后使用形状工具或钢笔工具在合成面板中进行绘制，将创建一个新的形状图层；如果在选中了某个形状图层的情况下进行绘制，则会在该形状图层内创建一个形状，它将位于选中图层的其他形状之上；如果在时间轴面板中选中非形状图层的情况下，使用形状工具或钢笔工具在合成面板中进行绘制，则将为选中的图层创建一个蒙版。

形状工具的快捷键为〈Q〉，钢笔工具的快捷键为〈G〉。反复按快捷键，可在形状工具和钢笔各自工具组不同工具间循环切换。

（1）使用形状工具创建形状图层

在工具栏中的形状工具按钮上向右拖拽鼠标左键，可显示出系统自带的 5 种形状工具，包括矩形工具▭、圆角矩形工具▢、椭圆工具⬭、多边形工具⬡和星形工具☆，如图 4-1 所示。

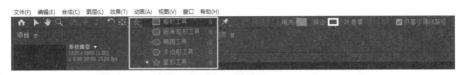

图 4-1　形状工具

选择适当的形状工具后，在时间轴面板中不选择任何图层的情况下，在合成面板中拖动鼠标左键，可绘制一个形状，同时在时间轴面板中会新增加一个形状图层，如图 4-2 所示。

绘制图形时，按下〈Shift〉键的同时拖动鼠标可绘制正圆、正方形、圆角正方形；按下〈Ctrl〉键可从中心向外绘制图形；绘制过程中同时按下空格键或鼠标中键，可在合成面板中重新放置形状位置。

选定形状工具后，双击工具栏中选定的形状工具，可产生一个与合成面板大小相等的图形，如图 4-3 所示。

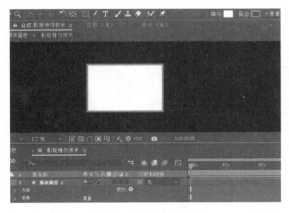

图 4-2　新建形状图层

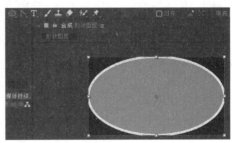

图 4-3　双击形状工具生成图形

（2）通过菜单创建形状图层

新建合成后，在"图层"菜单中单击"新建">"形状图层"选项，可以在时间轴面板中生成一个形状图层。此时新生成的形状图层是空的，可在形状工具栏中选择适当的工具绘制图形，并进行填充和描边，如图 4-4 所示。

（3）在时间轴面板中新建形状图层

新建合成后，在时间轴面板的空白处单击鼠标右键，在弹出的"新建"菜单中选择"形状图层"选项，可生成一个形状图层。此时新生成的形状图层是空的，可在形状工具栏中选择适当的工具绘制图形，并进行填充和描边，如图 4-5 所示。

图 4-4　通过菜单创建形状图层

图 4-5　在时间轴面板中新建形状图层

（4）使用钢笔工具绘制图形

使用工具栏中的钢笔工具可以根据需要绘制任意形状。钢笔工具组中包含钢笔工具 、添加"顶点"工具 、删除"顶点"工具 、转换"顶点"工具 和蒙版羽化工具 。通过钢笔工具的不同功能，可对绘制的形状进行调整，如图4-6所示。

图4-6　使用钢笔工具绘制图形

当填充类型选择"无"时，可绘制封闭或不封闭的线条，线条的颜色和粗细由描边属性进行设置，如图4-7所示。在形状名称上按〈Enter〉键，可修改图层名称；选中形状名称后，按〈Ctrl+D〉键，或按〈Alt〉键的同时，使用鼠标左键（变为双箭头）拖动合成面板中的所选形状，可在本图层内对形状进行复制。

使用钢笔工具绘制对称的几何图形时，可打开合成面板下方属性栏中的对称网格、参考线和标尺等工具，确保绘制的图形符合要求，如图4-8所示。

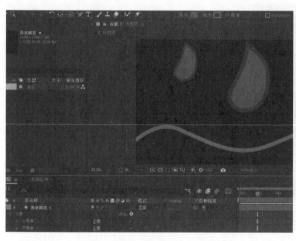

图4-7　绘制封闭或不封闭线条

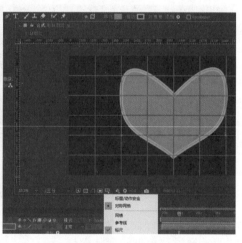

图4-8　绘制对称几何图形

（5）从文本创建形状图层

在工具栏中选择文字工具创建文本图层，在"时间轴"面板或"合成"面板中选择该文本图层，然后选择"图层"菜单中的"创建">"从文字创建形状"，或右键单击图层或文本，并从菜单中选择"从文本创建形状"，可提取每个字符的轮廓，基于轮廓创建形状，并将形状放置在文本图层上方新建的形状图层中。在形状图层的"内容"属性中可使用选取工具对文字轮廓的锚点进行变形调整，并提供添加"路径"属性的关键帧制作出文字的变形动画效果，如图4-9所示。

多个形状图层可通过对齐面板进行对齐或分布。注意，同在一个形状图层内的形状不能通过对齐面板进行对齐或分布，但可通过位置参数进行调整，如图4-10所示。

（6）从矢量图层创建形状图层

在时间轴面板中选择Illustrator等矢量图形软件生成的矢量图层，单击鼠标右键，在弹出的菜单中选择"创建"中的"从矢量图层创建形状"，生成新的形状图层；也可以通过"图层"菜单中的"创建"选择"从矢量图层创建形状"以产生新的形状图层，如图4-11所示。

图 4-9　从文本创建形状图层

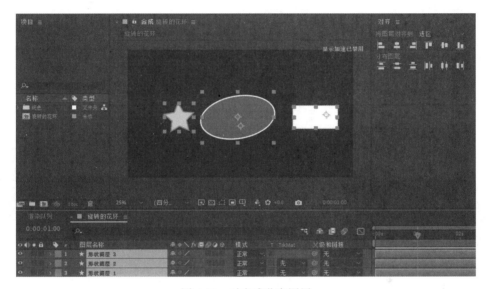

图 4-10　对齐或分布图层

图 4-11　从矢量图层创建形状

注意：形状工具既可以用来创建形状图层，也可以用来创建蒙版。在时间轴面板中不选择任何图层的前提下，使用形状工具进行绘制将创建新的形状图层；如果选择非形状图层，将会对图层绘制蒙版，常用于显示或隐藏图层的某些区域。

4.2　形状图层工具栏属性

在工具栏中选择形状工具或钢笔工具后，在右侧会出现相应的属性设置，形状工具属性如图 4-12 所示。

图 4-12　形状工具属性

（1）创建形状

激活工具 ，可在选定的形状图层上绘制图形。

（2）创建蒙版

激活工具 ，可在选定的形状图层上绘制蒙版。

（3）填充选项

在 工具创建形状按钮激活时，可对绘制的形状进行颜色填充 。在"填充选项"对话框中，可根据需要选择不同的填充类型，从左到右依次为无 、纯色 、线性渐变 、径向渐变 ，可根据需要选择"正常"等"混合模式"，并对"不透明度"参数进行设置，如图4-13所示。

（4）填充颜色

单击 可打开"形状填充颜色"对话框，选择适当的颜色对图形进行填充，如图4-14所示。按住〈Alt〉键的同时单击"工具"面板中"填充"旁边的"填充颜色"按钮，可循环切换形状的填充类型。

图4-13 "填充选项"对话框

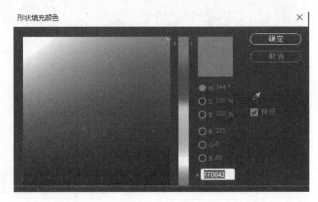

图4-14 "形状填充颜色"对话框

当填充类型选择线性渐变或径向渐变时，单击"填充颜色"按钮后打开"渐变编辑器"对话框，可在渐变条中设置色标的颜色，也可添加色标，设置渐变条的颜色构成，如图4-15所示。

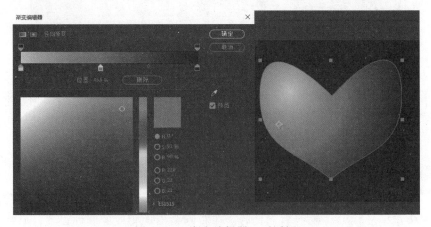

图4-15 "渐变编辑器"对话框

（5）描边选项和描边颜色

在创建形状按钮 激活时，可对绘制的形状进行描边。单击 打开"描边选项"对话框，可根据需要选择不同的描边类型，从左到右依次为无、纯色、线性渐变、径向渐变，可根据需要选择"混合模式"，并对"不透明度"参数进行设置。单击可打开"形状描边颜色"对话框，选择适当的颜色对图形进行描边。按住〈Alt〉键的同时单击"工具"面板中"描边"旁边的"描边颜色"按钮，可循环切换形状的描边类型，如图 4-16 所示。

图 4-16　"描边选项"和"形状描边颜色"对话框

（6）描边宽度

使用鼠标左右拖拽数值栏 29 像素，或单击输入数值，可调节描边宽度。

（7）添加

选择时间轴面板中的形状图层，可看到工具栏右侧的"添加"按钮 添加 。在弹出的菜单中，可为图形添加相应的属性设置，与时间轴面板中形状图层"内容"属性中的"添加"功能相同，如图 4-17 所示。

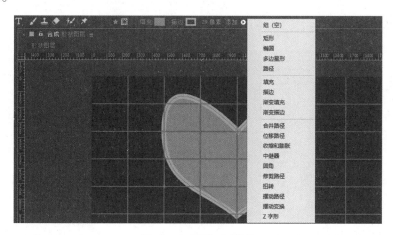

图 4-17　"添加"菜单

（8）创建新形状作为贝塞尔曲线路径

绘制图形时勾选 贝塞尔曲线路径 将新图形作为贝塞尔曲线路径，可通过钢笔工具对形状的锚点进行调节。

4.3　形状图层属性

形状图层除了具有与其他图层相同的变换属性外，还有属于形状图层的特殊属性，即"内容"属性。在形状图层中绘制图形后，在内容属性中即可出现相应的图形属性设置。不同形状其属性的参数种类各不相同，可根据需要对相关参数进行设置，并制作关键帧动画。每个单独的形状通常都有自己的一组固定到形状本身的变换控件，如图 4-18 所示。

打开内容属性右侧的"添加"按钮，在弹出的菜单中可选择相应的形状属性。当不选择图层中任何形状名称时，可为形状图层中所有的形状添加同样的形状属性；也可以根据制作需要，选择特定的形状名称，为其单独添加相应的形状属性，如图 4-19 所示。

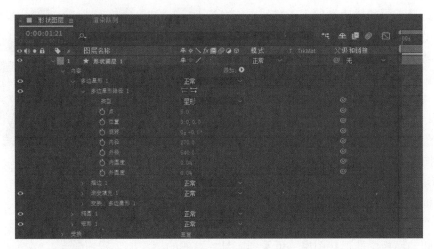

图 4-18　形状图层属性

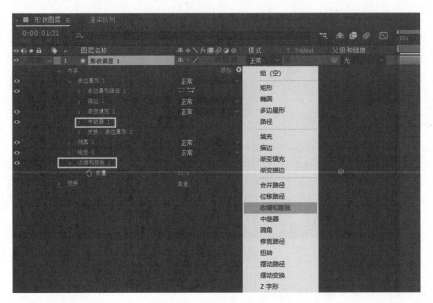

图 4-19　添加形状属性

- 组：组是形状属性的集合，每个组都有各自的混合模式以及一套属于组的变换属性。通过将形状编组，可以同时处理多个形状的形状属性，组的变换属性影响该组中的所有形状。
- 矩形、椭圆、多边星形：选择矩形、椭圆、多边星形，可在合成面板中生成相应的形状路径。
- 路径：选择路径属性，可使用钢笔工具，绘制自由路径。
- 填充、描边、渐变填充、渐变描边：选择填充、描边、渐变填充、渐变描边，可为形状路径进行填充或描边。
- 合并路径：对多个路径进行合并，成为一个复合路径。
- 位移路径：通过使路径与原始路径发生位移来扩展或收缩形状。对于闭合路径，正"数量"值将扩展形状；负"数量"值将收缩形状。
- 收缩和膨胀：在向内弯曲路径段的同时将路径的顶点向外拉，或者在向外弯曲路径段的同时将路径的顶点向内拉。

- 中继器：对形状进行复制，形成多个副本，将指定的变换应用于每个副本。
- 圆角：路径的圆角。半径值越大，圆度越大。
- 修剪路径：动画显示"开始""结束""偏移"属性以修剪路径，创建类似于使用绘画描边的"写入"效果和"写入"设置实现的效果。
- 扭转：以图形"中心"为旋转中心点，对形状进行一定角度的旋转。中心的旋转幅度比边缘的旋转幅度大。输入正值将顺时针扭转；输入负值将逆时针扭转。
- 摆动路径：将路径转换为一系列大小不等的锯齿状尖峰和凹谷，随机分布（摆动）路径，自动产生动画效果，无须设置任何关键帧或添加表达式。
- 摆动变换：对属性中的位置、锚点、比例和旋转等参数的变化进行任意组合。使用时在"摆动变换"属性组内的"变换"属性组中改变相应属性的参数值，设置属性的摆动频率、关联、时间相位、空间相位和设计植入等参数，摆动变换自动进行动画显示，无须设置任何关键帧或添加表达式。
- Z 字形：将路径转换为一系列统一大小的锯齿状尖峰和凹谷。使用绝对大小或相对大小设置尖峰与凹谷之间的长度。设置每个路径段的脊状数量，并在波形边缘（平滑）或锯齿边缘（边角）之间做出选择。

注意："添加"中的属性通常只对其上方形状有效，对位于其下方的形状无效。可使用鼠标拖拽属性上下移动，根据制作需要调整其在"内容"中的位置，控制其对图形的影响范围。

【方法引导】

在本项目中，学习使用矩形工具、椭圆工具和钢笔工具绘制基本图形并进行参数调整，制作正方形到圆形的变形动画；然后通过星形工具制作花朵，进行形状、填充等参数设置；最后通过中继器对花朵进行复制，变形为圆形花环，并制作花环旋转的动画效果。

【项目实施】

项目效果　　制作过程

任务 4.4　制作变形动画

1）新建 1920＊1080 分辨率的合成，命名为"形状图层"。双击工具栏中的椭圆工具，会按合成的尺寸创建一个最大号的椭圆形状，在时间轴面板图层的"内容"属性下，增加"椭圆 1"属性，如图 4-20 所示。

注意：如果选中已经存在的图层，使用形状工具绘制出的是蒙版形状。

2）展开"椭圆 1"属性，在"椭圆路径 1"中，取消"大小"数值前面的约束比例，将水平分辨率改为 1080，得到一个正圆的形状，如图 4-21 所示。

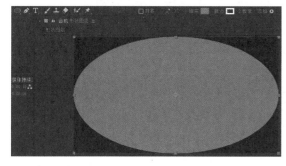
图 4-20　新建合成并创建椭圆

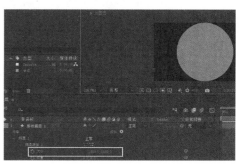
图 4-21　设置正圆

3）关闭"椭圆1"的显示（关闭眼睛图标）。双击工具栏中的矩形工具，会按合成的尺寸建立一个最大号的矩形形状，增加"矩形1"属性。展开"矩形路径1"属性，取消约束比例，将大小更改为400，得到一个正方形的形状；设置圆度为0，描边颜色改为黄色，描边宽度改为30，取消"填充"显示（关闭眼睛图标），得到正方形方框，如图4-22所示。

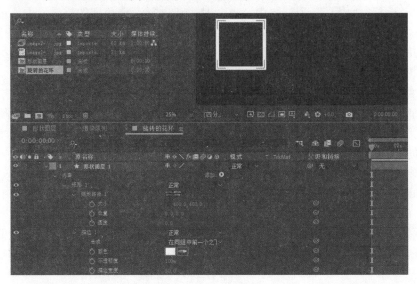

图4-22　设置正方形

4）选择"形状图层1"图层，将时间指示器移至0秒处，为"矩形路径1"中的"圆度"属性添加关键帧；打开"变换：矩形1"属性，设置"位置"属性为（-600,0），为位置和旋转添加关键帧。将时间指示器移至2秒处，将圆度设置为200，位置参数设置为（600,0），旋转设置为1周，制作正方形向右侧滚动中逐渐变为圆形的动画效果，如图4-23所示。

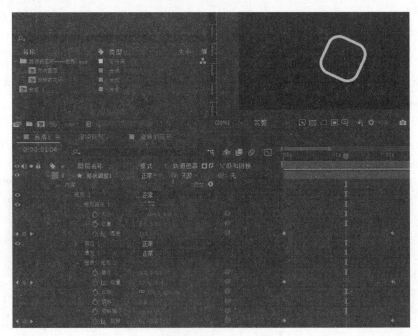

图4-23　制作变形动画

任务 4.5   使用钢笔工具绘制心形

1）关闭矩形 1 的显示（关闭眼睛图标）。除使用形状工具绘制形状外，使用钢笔工具也可以自由绘制各种图形，下面使用钢笔工具绘制心形。按键盘上的〈G〉键，切换到钢笔工具，按〈Ctrl+R〉键调出标尺，使用鼠标拖拽出水平参考线，纵坐标位于 400 像素；拖拽出 3 根垂直参考线，分别位于 600 像素、1000 像素和 1400 像素处。使用钢笔工具在 3 个交点上设置锚点，在中间垂直参考线的下方设置锚点，最后回到起始点，使形状闭合，如图 4-24 所示。

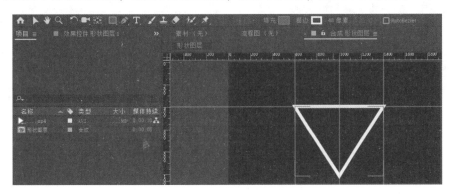

图 4-24   使用钢笔工具绘制三角形

2）在合成面板下方打开"对称网格"或"网格"，将钢笔工具切换到转换"顶点"工具，将左侧锚点的手柄向下拖拽，使直线变为曲线，同样拖拽右侧锚点的手柄，使左右形状对称。按住〈Ctrl〉键的同时可使用鼠标移动锚点位置，如图 4-25 所示。

3）打开"填充 1"，将"填充选项"设置为"线性渐变"，关闭"描边 1"前面的显示或在描边属性中，将描边选项设置为"无"，如图 4-26 所示。

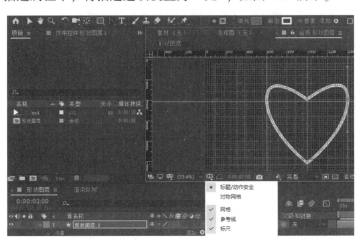

图 4-25   使用钢笔工具绘制心形

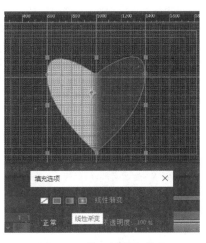

图 4-26   设置填充和描边

4）关闭网格参考线和标尺。打开"渐变填充 1"，选择颜色右侧的"编辑渐变"，在渐变编辑器中将左侧色标设置为淡粉色，中间色标设置为红色，右侧色标设置为深红色。在工具栏中选择"选取工具"，打开"内容">"形状 1">"渐变填充 1"，用选取工具选中"渐变填充 1"，在合成面板中出现起始点和结束点，使用鼠标可调整填充颜色的起点和终点，如图 4-27 所示。

5）将填充选项改为径向渐变，适当调节起始点和结束点的位置，制作心形高光和阴影效果，使形状具有立体感，如图 4-28 所示。

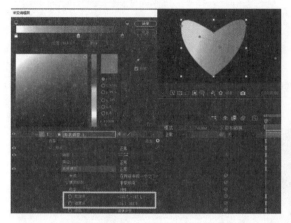

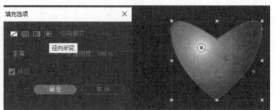

图 4-27　调整填充颜色的起点和终点　　　　图 4-28　填充选项改为径向渐变

任务 4.6　利用星形工具绘制花朵

1）双击工具栏中的星形工具，按合成的尺寸建立一个最大尺寸的星形形状，填充为红色。展开图层属性，"内容"中增加了"多边星形 1"属性；展开"多边星形路径 1"属性，将"点"修改为 6，修改"内径""外径""内圆度""外圆度"等参数，制作红色花朵，如图 4-29 所示。

2）在上方属性栏中单击"描边"选项，在"描边选项"对话框中，将描边类型设置为"纯色"。打开"描边 1"，将颜色改为黄色，将描边宽度改为 20。单击"内容"右侧的"添加"按钮，在菜单中选择"收缩和膨胀"，调节"数量"为 15，改变花瓣的形状，如图 4-30 所示。

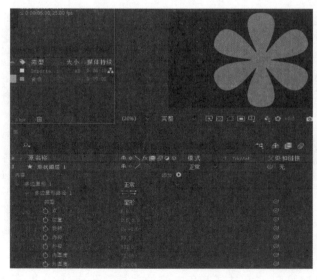

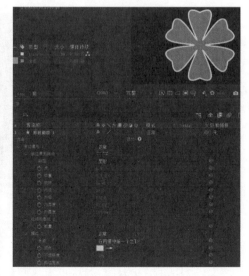

图 4-29　制作花朵　　　　　　　　　　　图 4-30　设置花瓣形状

3）在上方的属性栏中单击"填充"选项，在"填充选项"对话框中，将填充类型设置为"径向渐变"，如图 4-31 所示。

4）打开填充1，选择"颜色"右侧的"编辑渐变"，在渐变编辑器中，将左侧颜色设置为黄色，右侧颜色设置为红色。将起始点设置为花朵中心，适当向外拖拽结束点的手柄，使花朵从中心向外由黄色逐渐过渡为红色。也可根据自己的喜好设置渐变颜色，如图4-32所示。

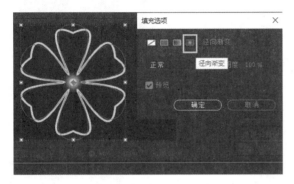

图 4-31　设置"填充选项"

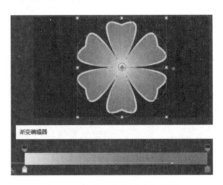

图 4-32　设置径向渐变效果

任务 4.7　制作动画效果

1）将时间指示器移至0秒处，为"渐变填充1"的"颜色"属性添加关键帧；将时间指示器移至1秒处，再次打开渐变编辑器，将左侧颜色调整为绿色，右侧颜色调整为蓝色，制作花朵颜色变化的效果。选择两个关键帧，按〈Ctrl+C〉键进行复制，将时间指示器分别移至2秒和4秒处粘贴关键帧，制作花朵颜色循环变化的效果，如图4-33所示。

2）将时间指示器移至0秒处，打开"变换：多边星形1"，为"旋转"属性添加关键帧；将时间指示器移至5秒处，将"旋转"设置为两周，制作花朵旋转的效果，如图4-34所示。

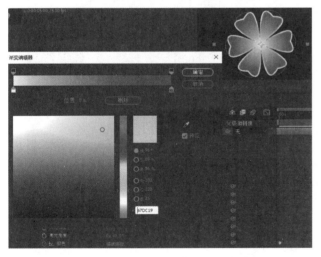

图 4-33　设置花朵颜色循环变化效果

图 4-34　设置花朵旋转效果

任务 4.8　利用中继器制作花环

1）选择"多边星形1"，单击右侧的"添加"按钮，在打开的菜单中选择"中继器"。
注意：选择"多边星形1"后添加的中继器隶属于多边星形1，如果不选择"多边星形1"，则添加的中继器隶属于形状图层的内容属性，对后面的设置会有影响，如图 4-35 所示。

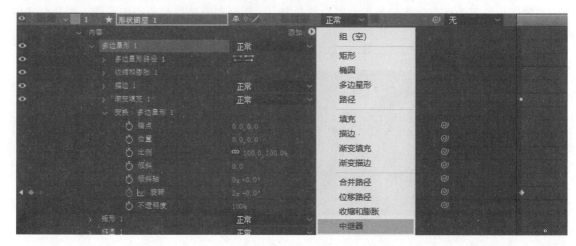

图 4-35　为"多边星形 1"添加"中继器"

2）在"变换：多边星形 1"中将比例设置为 20%。打开"中继器 1"前面的折叠按钮，将"副本"改为 10。打开"变换：中继器 1"，将"位置"的 x、y 坐标均设置为 0，"旋转"设置为 36°，将"锚点"的 x 坐标参数向右拖拽，增大数值，形成一个圆形花环，使 10 个花朵在 360° 范围内均匀分布，如图 4-36 所示。

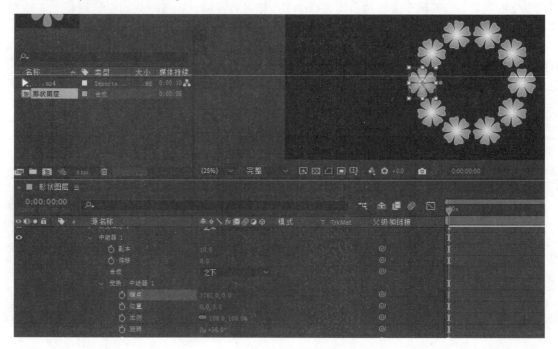

图 4-36　制作圆形花环

3）将时间指示器移至 0 秒处，在"变换：多边星形 1">"旋转"属性前面添加一个关键帧；将时间指示器移至 5 秒处，将"旋转"属性设置为两圈。拖动时间指示器的播放效果，如果旋转中心不对，在"变换：多边星形 1"中调节锚点的 x 坐标值，将其移至花环中心，使花环围绕中心旋转，预览满意后输出影片，如图 4-37 所示。

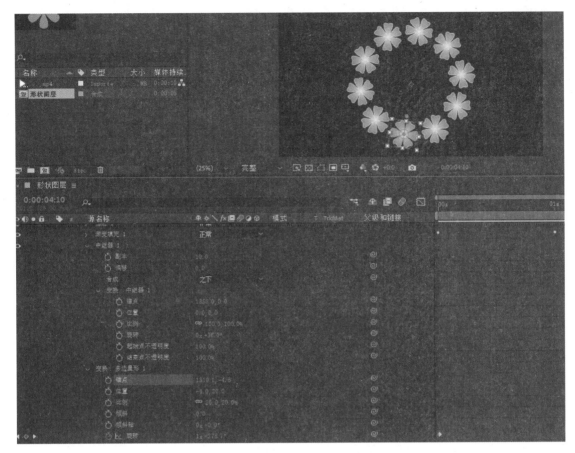

图 4-37　制作花环围绕中心旋转

【项目小结】

本项目学习了使用形状工具和钢笔工具创建形状图层的方法，讲解了形状工具和钢笔工具绘制图形的使用方法，介绍了在时间轴面板中对形状图层的"内容"属性进行参数调节，并进行动画设置的常用方法。在"添加"功能中，也有内容丰富的形状属性，读者可以发挥创意，利用"添加"中的各种属性，制作出更加绚丽的形状图层动画效果。

【技能拓展：制作"万花筒"动画效果】

制作要求如下。

1）观看万花筒，了解其视觉效果。

2）合理选择形状工具，创建形状图层。

3）熟悉形状图层"内容"属性中"添加"的常用属性功能。

4）根据创意为绘制的形状添加相关属性。

5）修改属性参数，设置关键帧，制作形状、颜色、大小千变万化的形状动画效果。

【课后习题】

一、单选题

1. 在时间轴面板中不选择任何图层时，使用形状工具绘制的是（　　）。

A. 蒙版　　　　　　　　B. 形状图层　　　　　　　C. 空对象　　　　　　D. 纯色

2. 在时间轴面板中选择某个非形状图层时，使用形状工具绘制的是（　　）。

A. 蒙版　　　　　　B. 形状图层　　　　　C. 空对象　　　　　　　D. 纯色

3. 形状图层除具有普通图层的"变换"属性外，还具有的特有属性是(　　　)。

A. 文本　　　　　　B. 效果　　　　　　　C. 内容　　　　　　　　D. 形状

4. 按住(　　　)键并单击工具栏中的填充颜色按钮，可循环查看填充类型选项。

A.〈Alt〉　　　　　B.〈Shift〉　　　　　C.〈Ctrl〉　　　　　　　D.〈Ctrl+ Alt〉

5. 能够为形状图层创建虚线、锥度和波浪形状的属性是(　　　)。

A. 合成　　　　　　B. 路径　　　　　　　C. 填充　　　　　　　　D. 描边

二、判断题

1. AE 软件的形状图层只能绘制不同形状，不能绘制线条。　　　　　　　　　　　　　（　　）

2. AE 软件的形状工具可以用来绘制形状，也可以用来绘制蒙版和路径。只是在绘制形状时必须先选择指定图层后才能显示出形状。　　　　　　　　　　　　　　　　　　　　　　（　　）

三、简答题

1. 什么是形状图层，如何创建形状图层？

2. 如何把一个图层的形状对齐到另外一个图层的形状？

3. "添加"中的 Pucker&Bloa（收缩 & 膨胀）形状属性功能是什么？

项目 5 表达式和表达式控制——指针旋转

【学习导航】

知识目标	1. 了解表达式的工作原理。 2. 了解常用表达式命令的种类、参数含义和使用方法。 3. 掌握常用表达式控制命令及其使用方法。
能力目标	1. 能够根据物体的运动效果，合理选择表达式的类型和命令。 2. 能够熟练使用常用表达式进行较复杂的动画设计制作。 3. 能够选择适当的表达式控制命令进行动画设计和制作。
素质目标	1. 具有较强的艺术修养。 2. 具有较强的创新创意能力。 3. 具有较强的自主学习能力。
课前预习	1. 学习软件编程的基础知识。 2. 复习 AE 软件中五大基本属性的特点。 3. 复习关键帧动画的制作方法。 4. 了解物体的运动规律。

【项目概述】

本项目制作钟表指针旋转的动画效果。在之前的项目中，通常采用关键帧动画的制作方法，但是对于较复杂的动画效果，如果通过关键帧制作动画，不但步骤烦琐，而且效率较低，这种情况下往往采用表达式和表达式控制的方式进行动画制作，特别是使用一个数值对多个数值进行控制或进行计算赋值的时候，使用表达式的方式会更加快捷高效。

表达式是 AE 软件内部基于 JavaScript 编程语言开发的编辑工具，可以理解为简单的编程。本项目采用表达式和表达式控制的方式，通过代码和特效命令，精确控制图层属性参数，提升复杂动画制作的效率。

【知识点与技能点】

5.1 创建表达式

微课视频

在时间轴面板中，打开需要添加表达式的图层属性，按住〈Alt〉键的同时，使用鼠标左键单击属性左侧的秒表，打开属性的表达式工具。此时，该属性的参数值由蓝色变为红色，表示该属性已具有了表达式。此时在属性下方出现 4 个按钮，从左到右依次为表达式开关■、表达式图表■、表达式关联器■、表达式语言菜单■，如图 5-1 所示。按住〈Alt〉键的同时，再次使用鼠标左键单击秒表，可移除表达式。

- 表达式开关■：开启和关闭表达式。当表达式启用时显示为蓝色。

图 5-1　创建表达式

- 表达式图表 ：在图表编辑器中显示一段时间内表达式的值，使用时需将时间轴面板上方图表编辑器的总开关打开。
- 表达式关联器 ：可用于构造表达式的关联器，与父级关联器的作用和使用方法相似。关联器不但可以在不同图层之间进行操作，而且还可以在不同合成面板之间进行操作，只要在屏幕上将两个合成面板同时显示出来，就可以使用鼠标左键拖拽关联器进行链接。关联后的表达式可以在原有基础上进行表达式拓展，使得数值修改和效果制作变得更加快捷，如图 5-2 所示。

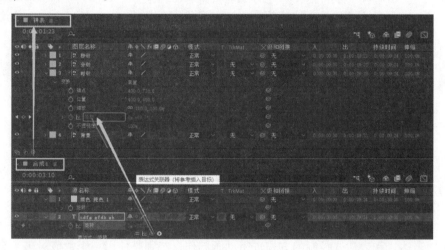

图 5-2　表达式关联器

- 表达式语言菜单 ：打开表达式语言菜单，该菜单可用于构造表达式，如图 5-3 所示。

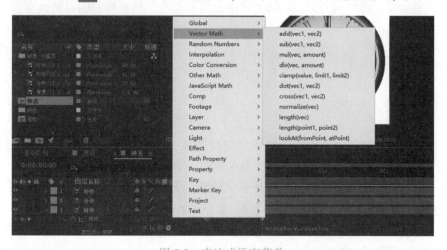

图 5-3　表达式语言菜单

在时间轴面板的右侧，可以查看表达式的具体内容，单击内容可激活表达式编辑器字段，输入所需的表达式（注意，表达式及符号需在英文状态下输入）。按〈Enter〉键可创建新行，使用鼠标拖动区域下边界，可以调整表达式区域的高度。

制作循环动画或随机效果时，经常会用到表达式，也可以通过表达式关联器在同一图层的相同或不同属性之间，或不同图层的相同或不同属性之间，甚至在不同合成（需要把两个合成面板同时显示在工作界面上）中图层的相同或不同属性之间，利用表达式关联器进行关联，提高动画的制作效率。

5.2　常用表达式类型

由于 AE 软件中不同属性的参数不同，通常可以使用数值（旋转/不透明度）、数组（位置/缩放）、布尔值（true 代表真、false 代表假，1 代表真、0 代表假）3 种形式书写表达式。AE 软件中有很多内置的函数命令，可以在表达式语言菜单中直接调用。

（1）time：时间表达式

time 表示时间，在国际单位制中通常以秒为单位，例如将表达式 time 添加到旋转属性，对象每秒钟旋转 1°。如果希望增加转速，可将表达式修改为 time * n，n 为度数。若输入 time * 360，则对象每秒钟旋转一周。n 为正数时对象按顺时针旋转，为负数时对象按逆时针旋转。添加 time 表达式后，对象可在合成时长内无限旋转，如图 5-4 所示。

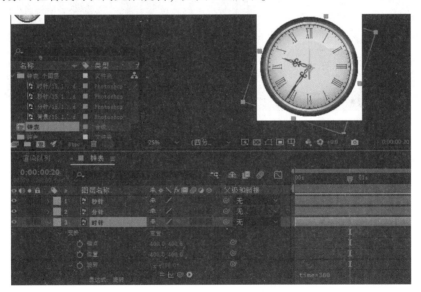

图 5-4　时间表达式

（2）wiggle：抖动/摆动表达式

使用 wiggle（freq，amp，octaves = 1，amp_mult = 0.5，t = time）为属性添加抖动表达式后，会产生随机摆动的效果。

- freq：频率，设置每秒抖动的次数。
- amp：振幅，设置每次抖动的幅度。
- octaves：振幅幅度，在每次振幅的基础上附加一定的振幅幅度。
- amp_mult：频率倍频，数值越接近 0，细节越少；越接近 1，细节越多。

- t：持续时间，抖动时间为合成时间，一般无须修改。

表达式 wiggle 使用时通常只需设置频率和振幅两个数值即可。例如，为位置属性添加 wiggle（10，200），则表示图层每秒钟抖动 10 次，每次随机波动的幅度为 200 像素。可以为图层的其他属性单独添加 wiggle 抖动表达式，也可以将其他属性的表达式关联器拖拽到位置属性上建立关联关系，此时位置属性的表达式参数变化将影响到与其建立关联关系的其他属性参数值，如图 5-5 所示。

图 5-5　抖动/摆动表达式

（3）random：随机表达式

random（a，b）在数值 a 到 b 之间随机进行抽取，最小值为 a，最大值为 b。

例如，为数字源文本添加表达式 random（20），则该数据会在 0~20 之间随机改变，不会超过 20；若为数字源文本添加表达式 random（10，100），则该数据会在 10~100 之间随机变化。

如果数值为整数，可在随机表达式前添加 Math. round（random（a，b）），如 Math. round（random（20，50））可得到 20 至 50 之间的整数。

（4）loopOut：循环表达式

循环表达式根据循环类型的不同，可以设置对象进行往复运动或周而复始的循环运动，通过修改 numkeyframes 参数，可以实现循环次数的设置。

- loopOut（type＝"类型"，numkeyframes＝0）：根据循环"类型"参数值设置动作对象循环运动。
- loopOut（type＝"pingpong"，numkeyframes＝0）：设置动作对象像乒乓球一样往复循环。
- loopOut（type＝"cycle"，numkeyframes＝0）：设置动作对象周而复始重复同样的循环动作。
- loopOut（type＝"continue"）：设置动作对象延续属性变化的最终速度继续运动。
- loopOut（type＝"offset"，numkeyframes＝0）：设置动作对象在指定的时间段内进行循环运动。

numkeyframes＝0 是循环的次数，0 为无限循环，1 是最后两个关键帧无限循环，2 是最后 3 个关键帧无限循环。

（5）index：索引表达式

根据属性特点，按照索引参数产生规律性的变化。若为图层 1 的旋转属性添加表达式 index * 10，则第一个图层会旋转 10°，如果按〈Ctrl+D〉复制多个图层，第 2 个图层将旋转 20°，以此类推。例如，第一层图形的玫瑰花不产生旋转，复制后的玫瑰花图形以 36°递增，表达式可写为（index-1） * 36，复制 10 个图层使玫瑰花在 360 度内均匀分布，如图 5-6 所示。

图 5-6　索引表达式

5.3　表达式控制及其效果种类

对于不具备编程能力的用户，应用表达式制作复杂动画比较困难。在 AE 软件中，"表达式控制"提供了更加直观和快捷的动画制作方法，可以像应用常规效果一样，通过简单的参数设置即可对属性进行控制，从而实现复杂动画的制作，大大提高了工作效率。例如，如果需要将多个物体在 360°内均匀分布，则可使用"角度控制"，将"旋转"属性分别乘以不同倍数的平均角度即可实现，如图 5-7 所示。

表达式控制是 AE 软件内置的效果命令，包括下拉菜单控件、复选框控制、3D 点控制、图层控制、滑块控制、点控制、角度控制和颜色控制 8 种类型，如图 5-8 所示。

- 下拉菜单控件：通过下拉菜单的子菜单项来控制表达式。
- 复选框控制：通过复选框（数值）来控制表达式。只有勾选（值为 1）和不勾选（值为 0）两种状态，常用于逻辑判断。
- 3D 点控制：通过设置点值（三维数组）来控制表达式。

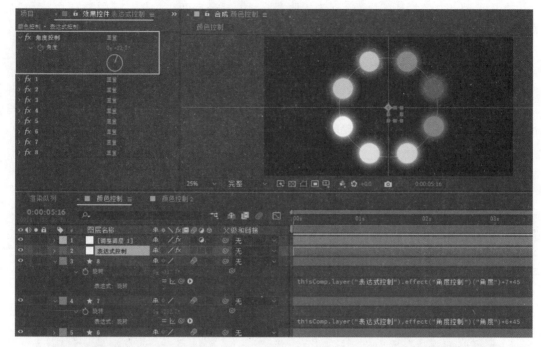

图 5-7　表达式控制

图 5-8　表达式控制类型

- 图层控制：控制选中合成中的某个图层对象。
- 滑块控制：通过滑块设置数值来控制表达式。
- 点控制：通过设置点值（二维数组）来控制表达式。
- 角度控制：通过设置角度数值来控制表达式。
- 颜色控制：通过设置颜色来控制表达式。

例如，新建合成后导入玫瑰花素材，在时间轴面板中新建空对象，根据制作需求，在空对象图层上添加相应的表达式控制效果（添加角度控制）；然后在时间轴面板中，打开玫瑰花图层旋转属性的表达式工具，拖动表达式关联器，将其与效果控件中空对象的表达式控制效果的相应属性（角度）建立关联。此时，时间轴面板中图层的相应属性会自动添加表达式，属性参数变为红色，表示无法自由调整。必须通过调整效果控件面板中空对象表达式所控制的属性参数，才能对时间轴面板中建立链接的相应图层属性进行控制。

【方法引导】

在本项目中设计制作钟表的时针、分针和秒针关联旋转的动画效果。首先通过关键帧动画，制作时针在 10 秒钟内旋转一周的效果。根据常识，分针的旋转速度是时针的 12 倍，秒针的旋转速度是分针的 60 倍，通过表达式关联器分别将分针与时针建立关联，秒针与分针建立关联；将分针的旋转参数乘以 12，秒针的旋转参数乘以 60，使时针、分针和秒针按照倍数关系进行旋转。

【项目实施】

项目效果　制作过程

任务 5.4　导入素材

打开 AE 软件，导入"指针旋转"PSD 文件，"导入种类"选择"合成"，"图层选项"选择"可编辑的图层样式"，单击"确定"按钮，如图 5-9 所示。

图 5-9　导入素材

任务 5.5　利用关键帧动画制作时针旋转效果

打开合成可以看到，合成内有秒针、分针、时针和背景图层共 4 个图层。选中时针图层，按〈R〉键调出图层的旋转属性。在第 0 帧处添加关键帧；将时间指示器移至 10 秒处，设置旋转圈数为 1 圈，如图 5-10 所示。

图 5-10　制作时针旋转效果

任务 5.6　利用表达式制作分针旋转效果

时针旋转一圈，分针需要旋转 12 圈。如果直接设置分针的旋转关键帧，使分针 10 秒钟转 12 圈也可以，不过若是之后改变了时针的旋转圈数，就需要重新计算并调整分针的关键帧数值，后续修改比较麻烦。此时利用 AE 表达式计算时针与分针的旋转关系，当时针旋转参数变化时，分针自动按照表达式关系进行变化。

1）打开"分针"图层的旋转属性，按住〈Alt〉键的同时使用鼠标左键单击旋转属性前面的时间秒表，为旋转属性添加表达式，如图 5-11 所示。

图 5-11　为分针旋转属性添加表达式

2）分针转动的圈数是时针的 12 倍，只需要在时针旋转圈数的基础上乘以 12 即可。首先需要将分针的旋转属性与时针的旋转属性建立关联，按住分针旋转属性的关联器工具，拖拽到时针的旋转属性上，这样就获取了时针的旋转圈数，并把它应用到了分针的旋转属性上。编辑表达式，在原有表达式的句尾输入"＊12"，意思为时针圈数的 12 倍。预览可以看到，在时针旋转一圈的同时，分针旋转了 12 圈，如图 5-12 所示。

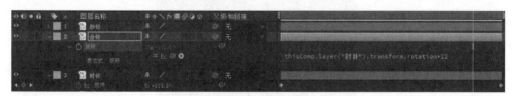

图 5-12　分针与时针旋转属性建立关联

任务 5.7　利用表达式制作秒针旋转效果

分针转一圈，秒针需要转 60 圈，因此在分针转动圈数的基础上乘以 60 即可。

1）选择秒针图层，按〈R〉键打开秒针的旋转属性，按住〈Alt〉键并单击小秒表图标，打开旋转属性表达式，拖拽秒针表达式关联器工具，将秒针旋转属性链接到分针的旋转属性上，在秒针表达式的句尾输入"＊60"，意思为分针旋转一圈的同时，秒针旋转 60 圈，如图 5-13 所示。

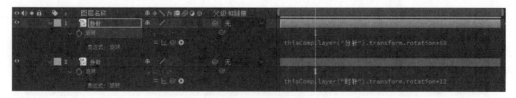

图 5-13　为秒针旋转属性添加表达式

2）预览可以发现，秒针的转动方向反了，这时候将 60 改为-60 即可，让秒针与分针、时针的转动方向一致，如图 5-14 所示。

图 5-14　改变秒针旋转方向

任务 5.8　利用关键帧动画制作指针旋转效果

预览动画，可以看到秒针、分针和时针都按照正常的节奏转动，若这时改变时针的转动圈数，则分针和秒针的圈数也会随之改变，大大提高了后期修改数值的效率，尤其是在项目较多且联系较为密集的时候，使用表达式代替关键帧控制动画的方法更加便捷，如图 5-15 所示。满意后输出成片。

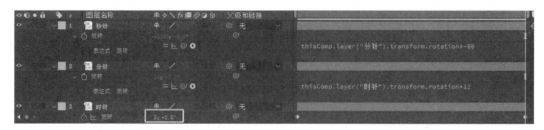

图 5-15　预览动画

【项目小结】

表达式函数多种多样，呈现的效果也各具特色，工作中需要根据动画效果的复杂程度和具体需求，选择使用关键帧或者表达式的制作方式来制作动画效果。通过本书配套的案例进行练习，了解不同函数的作用和使用方法，熟练使用表达式和表达式控制进行动画制作，节约时间，提高工作效率。

需要注意的是，表达式只能添加在 AE 软件时间轴面板中可编辑关键帧的属性上，并不是所有地方都可以使用表达式；另外，使用表达式最好有一定的编程基础，如果需要制作大量复杂动画，可以自己学习相关的知识。

对于编程不太熟练的同学，可以利用表达式控制效果，通过时间轴面板中的相关图层属性与表达式控制效果建立关联，自动产生表达式，通过修改表达式相关参数，实现动画效果制作。在编程工作量较小的情况下，同样可以制作出绚丽多彩的特技效果。

【技能拓展 1：制作表达式动画】

制作要求如下。

1）选择一种或几种表达式，自主创意制作表达式动画。

2）为作品添加合适的背景音乐。

【技能拓展 2：制作表达式控制效果动画】

制作要求如下。

项目效果　　制作过程

1）选择一种或几种表达式控制效果，配合其他效果命令，制作表达式控制动画。

2）为作品添加合适的背景音乐。

【课后习题】

一、单选题

1. 按住键盘（　　）键的同时，使用鼠标左键单击属性左侧的秒表，可打开属性的表达式工具。

A.〈Alt〉　　　　　　　B.〈Ctrl〉　　　　　　　C.〈Shift〉　　　　　　　D.〈Ctrl+ Shift〉

2. 通常利用（　　）图层承载表达式控制效果，并通过表达式关联器对相应的图层属性进行效果控制。

A. 纯色　　　　　　　B. 文本　　　　　　　C. 空对象　　　　　　　D. 预合成

二、判断题

1. 表达式是 AE 软件内部基于 JavaScript 编程语言开发的编辑工具，可以理解为简单的编程。　　（　　）

2. 为位置属性添加 wiggle（5,20），则表示图层每秒钟抖动 5 次，每次随机波动的幅度为 20 像素。

（　　）

3. 为数字源文本添加表达式 random（5,200），则该数据会在 5~200 之间随机变化。　　（　　）

三、简答题

1. 为什么要使用表达式或表达式控制进行动画制作？

2. 表达式控制的效果种类有哪些？

3. 如何利用表达式控制制作动画？

【学习导航】

知识目标	1. 了解蒙版的类型和创建方法。 2. 掌握保留基础透明度功能的作用。 3. 掌握轨道遮罩功能的使用方法。 4. 掌握"蒙版"属性中相关参数的作用和设置方法。
能力目标	1. 能够选择适当的方法制作文字填充效果。 2. 能够使用形状工具和钢笔工具绘制蒙版。 3. 能够通过参数设置制作蒙版动画效果。
素质目标	1. 具有精益求精的工作态度。 2. 具有较强的艺术修养。 3. 具有较强的创新创意能力。
课前预习	1. 复习钢笔工具的使用方法。 2. 复习图层混合模式。 3. 复习 Photoshop 中选区转换为路径的方法。

【项目概述】

蒙版技术是影视后期制作中常见的技术，熟练掌握并能够灵活运用蒙版技术，是影视后期工作者必备的技能之一。

本项目制作以"珍惜时间"为主题的公益广告。在项目制作之前，需要了解蒙版的类型、创建方法、常用的编辑方法，并通过参数设计控制钟表表盘的显示区域，以及文字沿路径运动的蒙版动画效果。

【知识点与技能点】

微课视频

6.1　　蒙版定义及其分类

在 AE 软件中，蒙版是在选定的图层上使用形状工具或钢笔工具绘制的轮廓或路径，包括闭合路径蒙版和开放路径蒙版两种类型。闭合路径蒙版可以为图层创建透明区域，可用来对图像进行抠像；开放路径无法为图层创建透明区域，但可用作效果参数，可作为文字、形状等其他图层的运动路径，创建出精彩奇妙的动画效果，实现真实拍摄无法达到的效果。

蒙版依附于图层存在，可以为选定的图层添加闭合路径蒙版或开放路径蒙版，每个图层可以包含多个不同类型的蒙版。

6.2　创建蒙版

可以通过形状工具或钢笔工具创建蒙版，也可以通过文字创建蒙版，或者将 Photoshop 软件中的路径粘贴给图层产生蒙版。

（1）使用形状工具创建蒙版

在时间轴面板中选择需要添加蒙版的图层，在工具栏中选择适当的形状工具（矩形工具、圆角矩形工具、椭圆工具、多边形工具、星形工具等），即可在合成面板中拖拽鼠标绘制出闭合路径蒙版。使用鼠标左键移动蒙版，可以改变蒙版的排列顺序，如图 6-1 所示。

（2）使用钢笔工具绘制蒙版

在时间轴面板中选择需要添加蒙版的图层，在工具栏中选择钢笔工具，即可在合成面板中绘制出闭合路径蒙版或开放路径蒙版，如图 6-2 所示。

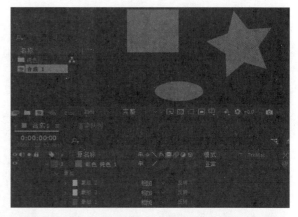

图 6-1　使用形状工具创建蒙版

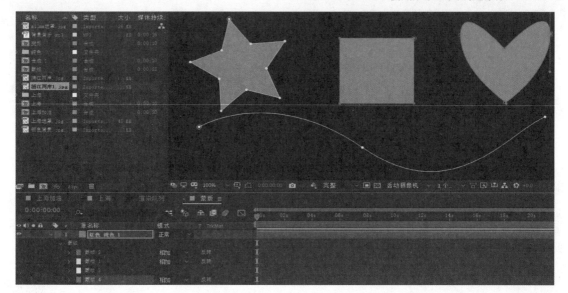

图 6-2　使用钢笔工具绘制蒙版

（3）从文字创建蒙版

在时间轴面板的文字图层上单击鼠标右键，在弹出的菜单中选择"创建"中的"从文字创建蒙版"，可以为文字添加蒙版路径。通过钢笔工具调节锚点，可以改变文字的形状，如图 6-3 所示。

（4）将 Photoshop 软件中的路径粘贴给图层产生蒙版

借助 Photoshop 软件的路径面板，可以快速将选区转换成路径，使用路径选择工具快速获取路径后，按〈Ctrl+C〉键进行复制，在 AE 软件时间轴面板中选定图层，按〈Ctrl+V〉键进行粘贴，则在图层中产生路径蒙版，如图 6-4 所示。

图 6-3　从文字创建蒙版

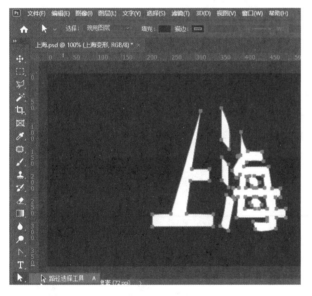
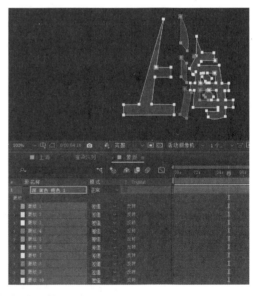

图 6-4　利用 Photoshop 软件产生蒙版

注意：

1）形状工具和钢笔工具绘制蒙版时，选定图层后绘制的是图层的蒙版，不选定任何图层绘制的是形状图层。

2）图层上只有闭合路径蒙版才有混合模式和反转选项，产生透明区域和非透明区域，可以作为遮罩使用。开放路径蒙版不具有混合模式和反转选项，不能作为遮罩使用。

6.3　蒙版属性

蒙版包括蒙版路径、蒙版羽化、蒙版不透明度和蒙版扩展，闭合路径蒙版还包括混合模式和反转等属性。

（1）蒙版路径

蒙版路径通过"蒙版形状"对话框的参数值记录具体的蒙版路径，可通过改变蒙版形状的参数值或通过钢笔工具调节锚点，改变蒙版路径。通过关键帧设置可以制作蒙版路径变化的动画效果，如图6-5所示。

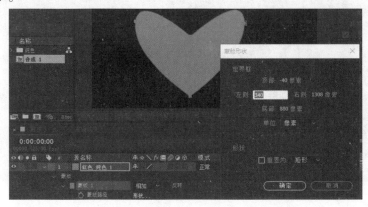

图6-5　"蒙版形状"对话框

（2）蒙版羽化

以蒙版边缘为中心，分别向内、向外从清晰过渡到半透明状态，可对蒙版边缘进行柔化处理，如图6-6所示。

在工具栏中选择蒙版羽化工具，在蒙版边界上单击可添加羽化控制点，拖动手柄调节蒙版的羽化范围。可同时添加多个羽化点，选择羽化点后按〈Delete〉键，可将其删除，如图6-7所示。

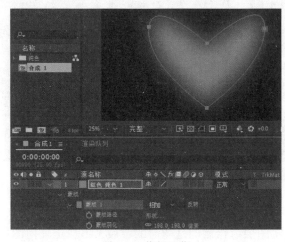

图6-6　蒙版羽化

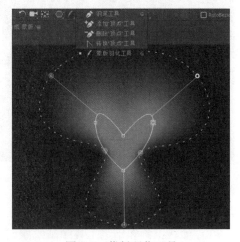

图6-7　蒙版羽化工具

（3）蒙版不透明度

修改蒙版不透明度参数，可调节蒙版的不透明度，如图6-8所示。

（4）蒙版扩展

改变蒙版扩展数值，可以放大或收缩受蒙版影响的区域，参数为正值时，蒙版边缘向外扩展；参数为负值时，蒙版边缘向内部收缩，单位为像素。蒙版扩展影响 Alpha 通道，但不影响蒙版路径，如图 6-9 所示。

图 6-8　蒙版不透明度

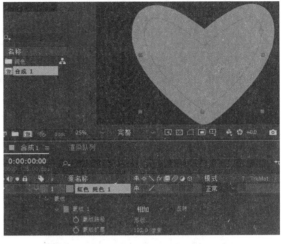

图 6-9　蒙版扩展

6.4　蒙版混合模式

蒙版混合模式控制图层中蒙版的交互状态，包括无、相加、相减、交集、变亮、变暗、差值 7 种类型。所有蒙版的混合模式默认均设置为"相加"，可通过修改混合模式，对图层上的蒙版进行运算。蒙版的上下排列顺序会影响混合模式的效果，混合模式不能设置关键帧动画，如图 6-10 所示。

- 相加：该蒙版将添加到排列顺序位于其上面的蒙版中，如图 6-11 所示。

图 6-10　蒙版混合模式

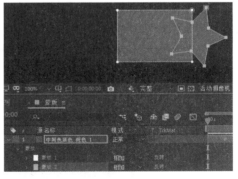

图 6-11　蒙版"相加"效果

- 相减：从位于该蒙版上面的蒙版中减去该蒙版，如图 6-12 所示。
- 交集：保留该蒙版与其上面蒙版重叠的区域，不重叠的区域完全透明，如图 6-13 所示。
- 变亮：该蒙版将添加到排列顺序位于其上面的蒙版中，多个模板重叠部分显示不透明度较高的蒙版区域，如图 6-14 所示。
- 变暗：该蒙版将添加到排列顺序位于其上面的蒙版中，多个模板重叠部分显示不透明度较低的蒙版区域，如图 6-15 所示。

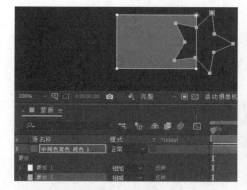

图 6-12 蒙版"相减"效果

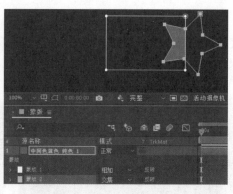

图 6-13 蒙版"交集"效果

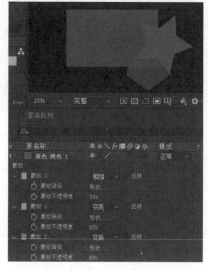

图 6-14 蒙版"变亮"效果

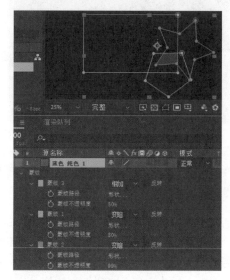

图 6-15 蒙版"变暗"效果

- 差值：该蒙版将添加到排列顺序位于其上面的蒙版中，两个蒙版不重叠的区域中，蒙版都会显示；两个蒙版重叠的区域中，将从位于它上面的蒙版中抵消该蒙版的影响；如果下方第三个蒙版也选择差值混合模式，位于其上的蒙版在 3 个蒙版重叠的区域会显示原蒙版形状，如图 6-16 所示。

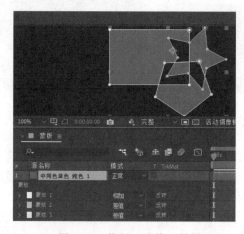

图 6-16 蒙版"差值"效果

6.5　蒙版操作方法

- 反转：当蒙版不透明度值为 100% 时对应蒙版内部为不透明区域，蒙版外部为透明区域。
在时间轴面板中选择混合模式右侧的"反转"，可将原来默认的内部不透明区域和外部透明区域进行对换，即蒙版内部变为透明，外部变为不透明，如图 6-17 所示。

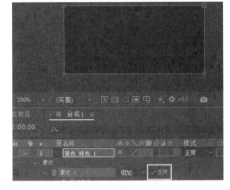

图 6-17　蒙版"反转"

- 复制粘贴：蒙版设置后，可以在其他图层和合成中重复使用该蒙版。选定需要重复使用的蒙版，按〈Ctrl+C〉键进行复制或按〈Ctrl+X〉键剪切到剪贴板，选择需要粘贴蒙版的图层，按〈Ctrl+V〉键进行粘贴。如果选择图层上已有的蒙版，该操作将替换选定蒙版。可以单独选择蒙版中的某一个属性进行复制粘贴。例如将蒙版路径转换为形状路径或运动路径时经常使用这种方法。

- 保存蒙版：展开图层及其蒙版属性，选择要保存的蒙版或蒙版属性，按〈Ctrl+C〉键进行复制；在时间轴面板中新建纯色层，按〈Ctrl+V〉键将蒙版或蒙版属性关键帧粘贴到纯色层，并将纯色层改名，便于记忆蒙版内容。

- 重用蒙版：打开包含重用蒙版的合成（如果已将该蒙版保存在其他项目中，则需导入该项目，然后打开包含相应蒙版的合成），在时间轴面板中，展开蒙版的图层和蒙版属性，选择蒙版或关键帧进行复制，并将蒙版或关键帧粘贴到需要应用该蒙版的图层。

- 删除蒙版：在时间轴面板的图层属性中选中需要删除的蒙版名称（也可在合成预览区中选中蒙版的所有锚点），按快捷键〈Delete〉即可删除。

6.6　保留基础透明度

选择图层的"T"选项，可启用该图层"保留基础透明度"功能，将使该图层从位于其下面图层的透明信息中获取自身的透明信息，即该图层只在其下层图层不透明的区域内显示自身画面内容。图层中"保留基础透明度"选项的作用与 Photoshop 软件中剪切蒙版的作用类似，如图 6-18 所示。

图 6-18　保留基础透明度

6.7 轨道遮罩

在时间轴面板中上下相邻的两个图层，上面的图层可以通过自身所具有的 Alpha 通道或像素明亮度，影响其下面图层的显示区域和显示状态。

Alpha 通道是一个用于记录图像的透明度信息的 8 位灰度通道，用 256 级灰度来记录图像中的透明度信息，定义透明、不透明和半透明区域，其中"白"表示不透明，"黑"表示透明，"灰"表示半透明。如果图层不包含 Alpha 通道，则利用本身的亮度信息影响下层图层的透明信息。轨道遮罩中亮度遮罩就是借助上层图层黑白变化的亮度信息，控制下层图像的透明区域。上层纯黑色区域使下层透明，上层纯白色区域使下层不透明，灰度则表示部分透明。

在 AE 软件中，一般图层的 Alpha 通道默认为全白，形状图层、文字图层等自带 Alpha 通道，有内容的部分为全白，无内容的部分为全黑，如图 6-19 所示。

图 6-19　轨道遮罩

- 没有轨道遮罩：为轨道遮罩默认状态，上面图层作为普通图层，不创建透明信息。
- Alpha 遮罩：Alpha 通道像素值为 100% 时不透明。
- Alpha 反转遮罩：Alpha 通道像素值为 0 时不透明。
- 亮度遮罩：像素的亮度值为 100% 时不透明。
- 亮度反转遮罩：像素的亮度值为 0 时不透明。

例如：上层为文本图层时，在其下图层的轨道遮罩中选择"Alpha 遮罩"，下层画面只在文字形状区域内显示，如图 6-20 所示。

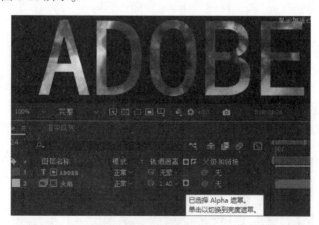

图 6-20　Alpha 遮罩

可以通过上面图层的亮度信息影响下层画面的显示状态，蒙版层的亮部区域使下层画面不透明，蒙版层的暗部区域下层画面较透明，中间调为半透明，如图 6-21 所示。

选择"轨道遮罩"选项后，AE 软件会将上面的图层转换为轨道遮罩，自动关闭轨道遮罩图层的视频显示，在轨道遮罩图层名称旁添加轨道遮罩图标，如图 6-22 所示。单击"反转遮罩"按钮，可将遮罩效果进行反转。

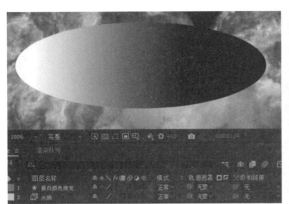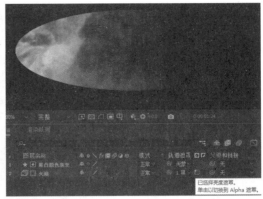

图 6-21　亮度遮罩

图 6-22　图层转换为轨道遮罩

　　注意：轨道遮罩仅应用于位于其相邻下方的图层。要将轨道遮罩应用于下方的多个图层，应首先将多个图层进行预合成，然后将轨道遮罩应用于预合成图层。

6.8　跟踪蒙版

　　为视频图层中的移动对象添加蒙版后，可为蒙版添加蒙版跟踪器，使其跟随影片中的移动对象运动。展开"蒙版"属性，在需要进行跟踪的蒙版名称上单击鼠标右键，选择"跟踪蒙版"，将弹出"跟踪器"面板，如图 6-23 所示。

　　（1）分析

　　分析主要用来跟踪运动物体的运动路径，生成运动物体的蒙版路径关键帧。

　　◀ǀ：向后跟踪所选蒙版一帧。

　　◀：向后跟踪所选蒙版。

　　▶：向前跟踪所选蒙版。

　　ǀ▶：向前跟踪所选蒙版一帧。

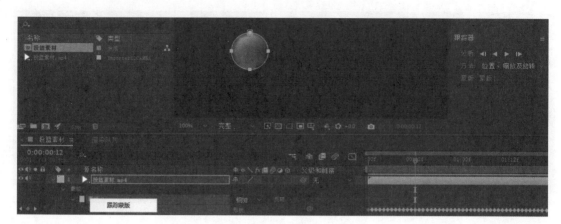

图 6-23　跟踪蒙版

（2）方法

可以选择不同方法来修改蒙版的位置、缩放、旋转及倾斜，如果移动物体具有透视效果，可选择透视，如图 6-24 所示。

脸部跟踪主要用于人物脸部画面的跟踪，分为仅限轮廓和详细五官。仅限轮廓只跟踪脸部轮廓，详细五官可跟踪眼睛、鼻子、嘴巴和面颊等部位，针对不同部位分别产生关键帧，如图 6-25 所示。

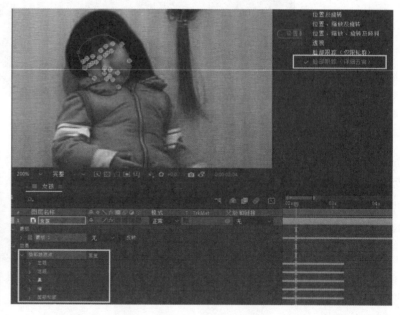

图 6-24　"方法"选项　　　　　　　　　　图 6-25　脸部跟踪

为了保证蒙版跟踪的有效性，视频画面中的运动对象应保持形状不变，但位置、缩放、旋转和倾斜角可以改变；另外，跟踪蒙版所跟踪的图层，必须包含运动的视频素材、预合成的图层或调整图层，不能是静止图像、文本、纯色层等静止图层。

【方法引导】

在本项目中，首先通过轨道遮罩制作表盘局部旋转的动画效果；然后配合径向擦除效果，制作表盘旋转显示和擦除的效果；最后利用钢笔工具绘制半圆形路径，通过关键帧动画，制作路径文字动画，并对文字进行描边和纹理填充。

【项目实施】

任务 6.9   导入素材并新建合成

项目效果   制作过程

1）启动 AE 软件，在项目面板的空白处双击鼠标左键，在"导入文件"对话框中，选择"制作素材"文件夹，单击下方的"导入文件夹"按钮，以文件夹形式导入所有素材。将"太阳广场"素材拖放到"新建合成"按钮，新建合成。打开"合成设置"对话框，将合成名称改为"珍惜时间"，预设为"HD·1920×1080·25fps"，持续时间为 10 秒钟，如图 6-26 所示。

图 6-26   "合成设置"对话框

2）将"钟表"素材拖放至时间轴面板"太阳广场"图层上方，按住〈Shift〉键的同时，按〈P〉键和〈S〉键调出位置和缩放属性，适当调节参数，将表盘置于太阳广场圆形时钟的中间位置，如图 6-27 所示。

图 6-27   调节"钟表"素材位置和缩放

任务 6.10　绘制扇形蒙版并制作旋转动画

1）按〈F2〉键在时间轴上不选择任何图层，在工具栏中选择钢笔工具，将填充设置为纯色，填充颜色设置为白色，不添加描边。以表盘的中心为圆心，绘制一个 30°左右的扇形，显示 12 点左右的表盘内容。将图层名称修改为"扇形遮罩"。打开"扇形遮罩"图层下方"钟表"图层的轨道遮罩，选择"扇形遮罩"作为其 Alpha 遮罩，效果如图 6-28 所示。

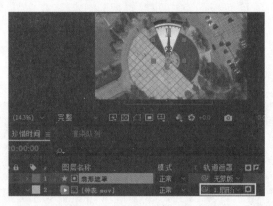

图 6-28　绘制"扇形遮罩"

2）在时间轴面板中选择"扇形遮罩"图层，使用锚点工具，将扇形锚点移至表盘的圆心处，按〈R〉键打开其旋转属性。将时间指示器定位在 0 秒处，为旋转添加一个关键帧；将时间指示器定位在 1 秒处，将旋转设置为一周，制作在一秒时间内依次旋转显示 12 个数字的效果，如图 6-29 所示。

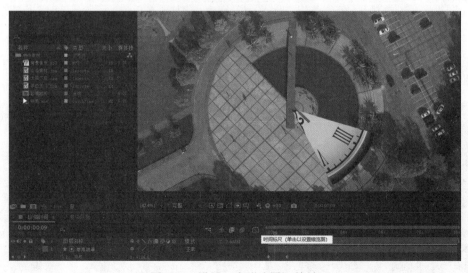

图 6-29　设置"扇形遮罩"旋转

任务 6.11　制作表盘径向显示和擦除效果

1）在时间轴面板中选择表盘素材，按〈Ctrl+D〉键复制一层，移至时间轴面板的最上层。

在工具栏中选择椭圆工具，不选择任何图层，以表盘中心为圆心，在按住〈Shift+Ctrl〉键的同时，从中间向外拖拽出一个白色正圆，大小与表盘一致，将图层名称改为"白色圆形遮罩"，并将锚点移至圆形中心。将时间指示器定位在 1 秒处，同时选择白色圆形遮罩和复制的钟表素材，按键盘上的〈[〉键将两个图层的入点与时间指示器对齐，如图 6-30 所示。

2）选择白色圆形遮罩，单击鼠标右键在弹出的菜单中选择"效果">"过渡">"径向擦除效果"。将擦除属性选择为"逆时针"，将时间指示器定位在 1 秒处，设置"过渡完成"为 100%；将时间指示器定位在 2 秒处，将"过渡完成"设置为 0%。选择复制的"钟表"素材图层，将轨道遮罩设置为"白色圆形遮罩"，Alpha 遮罩，制作 1 秒内旋转显示出表盘的效果，如图 6-31 所示。

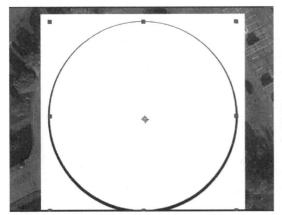

图 6-30　绘制"白色圆形遮罩"

图 6-31　制作径向擦除效果

3）将"学校大门"素材移至时间轴面板图层最上方，将时间指示器定位在 2 秒处，按〈[〉键，将图层入点设置在 2 秒处；选择白色圆形遮罩按〈Ctrl+D〉复制一层，生成"白色圆形遮罩 2"，置于"学校大门"图层上方。选择"白色圆形遮罩 2"图层，按〈[〉键，将图层入点设置在 3 秒处。将"学校大门"的轨道遮罩设置为"白色圆形遮罩 2"，Alpha 遮罩，向右拖动时间指示器预览，遮罩旋转后将表盘擦除，显示出学校大门的图像，如图 6-32 所示。

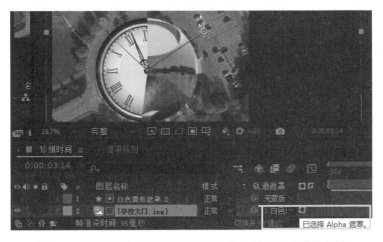

图 6-32　利用"白色圆形遮罩 2"的擦除效果显示学校大门

任务 6. 12 **显示学校大门完整画面**

1）选择"学校大门"图层，按〈S〉键显示缩放属性，适当调节缩放参数，使用移动工具适当移动"学校大门"图层画面，使圆形雕塑位于圆形遮罩中心。按空格键查看预览效果，如图 6-33 所示。

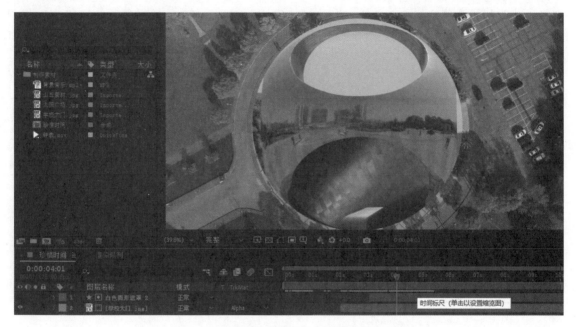

图 6-33　设置圆形雕塑位于圆形遮罩中心

2）将背景音乐添加到时间轴面板的最上层，打开其波形，观察其峰值位置。将时间指示器定位在 3 秒处，打开"白色圆形遮罩 2">"椭圆 1">"椭圆路径 1"，为"大小"添加一个关键帧；将时间指示器定位在 4 秒处，将大小设置为 1300，适当扩大遮罩的面积；将时间指示器定位在 4 秒 6 帧处，将大小参数设置为 2200，配合背景音乐的节奏显示出全部背景画面，如图 6-34 所示。

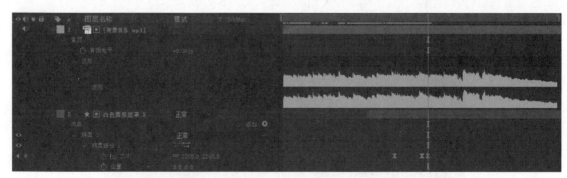

图 6-34　添加背景音乐

3）将时间指示器定位在 4 秒处，选择学校大门图层，按〈Shift〉键的同时，按〈P〉键和〈S〉键，显示图层的位置和缩放属性，并为其添加关键帧。将时间指示器定位在 5 秒 10 帧处，适当调节位置和缩放参数，使背景画面充满屏幕，如图 6-35 所示。

图 6-35　设置"学校大门"图层位置和缩放

任务 6.13　制作蒙版路径文字动画

1）在工具栏中选择横排文字工具，在合成面板中输入"珍惜时间青春无限"，在字符面板中设置字体为华文琥珀，填充颜色为白色，不描边，大小为 120 像素，字符间距为 400，选择仿粗体，如图 6-36 所示。

图 6-36　添加文字并设置属性

2）将时间指示器定位在 5 秒 10 帧处，按〈[〉键，设置文字图层的入点。在工具栏中选择钢笔工具，在图层的上半部分绘制半圆形路径。打开文字图层的路径选项属性，将路径设置为"蒙版 1"。如果此时首字边距的标志不在文字中心，可在窗口菜单中打开段落面板，选择"居中对齐文本"，将首字边距调至文字中心；也可使用鼠标在合成面板中调整首字边距的标志，或在时间轴面板中调节首字边距的参数，使文字与半圆形蒙版的水平边缘平齐，如图 6-37 所示。

3）在 5 秒 10 帧处为首字边距添加关键帧，记录文字的初始位置；将时间指示器定位在 7 秒处，将首字边距设置为-3800，制作文字沿半圆路径循环一周的动画效果，如图 6-38 所示。

图 6-37　在图层上半部分绘制半圆形路径　　　图 6-38　制作文字沿半圆路径运动的动画效果

任务 6.14　为文字添加描边动画

1）选择文字图层，按〈Ctrl+D〉键复制一层，删除其"首字边距"的关键帧，将图层名称改为"文字描边"。选择"文字描边"图层，在字符面板中，将填充颜色设置为无，将描边颜色设置为红色，描边宽度设置为 5 像素。将时间指示器定位在 7 秒处，按〈[〉键，设置图层入点。按〈P〉键打开位置属性，适当调节描边位置，使文字具有立体感，如图 6-39 所示。

图 6-39　添加文字描边

2）选择"文字描边"图层，在工具栏中选择矩形工具，为描边文字添加蒙版。打开蒙版 1，将时间指示器定位在 8 秒处，为蒙版路径添加关键帧；将时间指示器定位在 7 秒处，打开蒙版路径的"蒙版形状"对话框，将右侧的参数设置为与左侧相同。按空格键进行预览，随着蒙版形状的变化，逐渐出现描边文字效果，如图 6-40 所示。

图 6-40　预览蒙版动画

任务 6.15 为文字填充图案纹理

将时间指示器定位在 8 秒处，选择"珍惜时间青春无限"文字图层，按〈Ctrl+Shift+D〉键，将文字图层进行裁切，生成"珍惜时间青春无限 2"。将山丘素材拖放至该图层下方，按〈[〉键设置入点，将"山丘素材"图层的轨道遮罩设置为"珍惜时间青春无限 2"，Alpha 遮罩，为文字填充山丘图案纹理。选择"山丘素材"图层，按〈P〉键显示位置属性，将时间指示器定位在 8 秒处，设置位置参数为（960，230）；将时间指示器定位在 9 秒处，将位置参数设置为（1000，730），制作山丘素材从上到下移动的效果，为文字填充动态纹理效果，如图 6-41 所示。

图 6-41 制作纹理动画

任务 6.16 预览并渲染输出成片

按空格键进行预览，效果满意后，按〈Ctrl+S〉键保存工程文件，按〈Ctrl+M〉键进行渲染输出，如图 6-42 所示。

图 6-42 预览并渲染输出成片

【项目小结】

本项目介绍了蒙版的定义和分类，学习了常用的蒙版创建方法，对蒙版属性和蒙版模式进行了详细探讨，读者可以通过项目制作，掌握蒙版的基本操作方式，了解闭合路径蒙版和开放路径蒙版的不同用途，掌握轨道遮罩和跟踪蒙版的使用方法，通过 Photoshop 和 After Effects 两个媒体软件的联合作业，制作出多种类型的蒙版动画。

【技能拓展：制作蒙版动画——片头动画】

制作要求如下。

1）通过轨道遮罩制作表盘旋转动画，配合径向擦除效果，制作表盘旋转显示和擦除的动画效果。

2）利用钢笔工具绘制半圆路径，通过关键帧动画，制作路径文字动画。

3）对文字进行描边和纹理填充，制作透明文字效果。

【课后习题】

一、多选题

1. 创建蒙版的常用方法有（　　）。

A. 使用形状工具创建蒙版 　　　　　　　B. 使用钢笔工具绘制蒙版

C. 从文字创建蒙版 　　　　　　　　　　D. 将 Photoshop 软件中的路径粘贴到图层产生蒙版

2. 使用钢笔工具绘制蒙版包括（　　）步骤。

A. 选定需要绘制蒙版的图层 　　　　　　B. 选择钢笔工具

C. 在图层上绘制封闭路径 　　　　　　　D. 根据需要对蒙版参数进行调整

二、判断题

1. AE 软件中的蒙版是用来改变图层特效和属性的路径或轮廓。蒙版最常用于修改图层的 Alpha 通道。蒙版不包含线段和顶点。　　　　　　　　　　　　　　　　　　　　　　　　（　　）

2. 可以使用鼠标在合成面板中拖动蒙版各个顶点或线段来调整蒙版的形状。　（　　）

3. 方向手柄用于控制贝塞尔曲线的形状和角度。　　　　　　　　　　　　　（　　）

4. 通常情况下，蒙版的内部为不透明区域，而蒙版的外部为透明区域，这个设定不能更改。（　　）

三、简答题

1. 简述蒙版的定义和分类。

2. 闭合路径蒙版和开放路径蒙版有何区别？

3. 什么是轨道遮罩？轨道遮罩应如何使用？

项目 7 　抠像合成——太空漫步

【学习导航】

知识目标	1. 了解抠像技术的原理。 2. 了解前期拍摄的注意事项。 3. 掌握常用抠像方法和命令。 4. 掌握 Roto 笔刷工具的使用方法。
能力目标	1. 能够根据素材特点合理选择键控命令进行抠像。 2. 能够熟练使用 Keylight 命令进行抠像。 3. 能够使用 Roto 笔刷工具对复杂背景素材进行抠像。 4. 能够根据新背景的实际情况，对抠像后的对象进行处理，使合成后的画面更加逼真自然。
素质目标	1. 具有认真负责、精益求精的工作态度。 2. 具有较好的团队合作和交流沟通能力。 3. 具有较强的创新创意和自主学习能力。 4. 具有较高的艺术修养和审美水平。
课前预习	1. 复习 AE 软件遮罩的使用方法。 2. 了解 AE 软件常用的抠像命令。 3. 了解抠像素材的不同类型。 4. 了解 AI 工具在抠像合成和去水印等方面的应用情况。

【项目概述】

在影视剧中经常会看到演员在空中飞来飞去，或者穿越时空，在虚拟场景中进行表演。这些高难度、高风险的场景是如何拍摄制作的呢？本项目制作宇航员抠像后合成到太空背景的效果，以及复杂背景下对圆形雕塑进行抠像。在项目制作前需要先了解影视后期制作的常用技术——抠像合成技术。

抠像技术是影视后期制作中常见的一种合成技术，应用非常广泛。在影视作品制作过程中，考虑到安全性、成本控制、艺术表现效果等，一般情况下，首先拍摄演员在蓝色或绿色背景前的表演画面，然后使用抠像技术，将背景变为透明，与计算机制作的场景或实拍的场景进行合成。有条件的话，将摄影棚的背景用标准的纯蓝色（PANTONE2635）或纯绿色（PANTONE354）抠像色漆进行装饰。同时注意环境灯光的布置，保证素材的拍摄质量。

如果前期拍摄素材不是在摄影棚中拍摄，而是背景比较复杂的素材，则不能使用以颜色为主的抠像命令，而需要使用工具栏中的 Roto 笔刷工具进行动态抠像。

本项目分别讲解蓝、绿色等纯色背景和复杂背景下的不同抠像方法。

【知识点与技能点】

微课视频

7.1	抠像原理

抠像又称为键控，英文称作"Key"，按照画面中特定的颜色值或亮度值定义画面的透明度，将拍摄画面中指定的某种颜色或亮度变为透明，从画面中抠除，将抠像后的画面与新背景进行合成，从而产生神奇的艺术效果。

7.2	抠像技术基本流程

抠像技术在影视节目制作中的工作流程包括前期策划、素材采集和后期制作3个阶段。

（1）前期策划阶段

主要是撰写分镜头脚本，明确后期制作中需要进行抠像的镜头内容，及其涉及的人物、道具、场景等。

（2）素材采集阶段

按照分镜头脚本的要求，使用摄像机在蓝屏或绿屏前进行拍摄。演员需要了解脚本内容及后期合成画面的要求，表演时做到心中有数。

（3）后期制作阶段

根据分镜头脚本的要求，对前期拍摄的素材进行抠像，合成到计算机生成的虚拟画面或实拍画面中，并进行大小、位置、投影、颜色等相应的后期处理，使抠像画面与新背景达到逼真自然、天衣无缝的合成效果。

7.3	抠像的注意事项

在影视作品中应用抠像技术，需要注意许多细节，充分细致的前期准备工作，是保障素材拍摄质量和后期抠像质量的前提。

1）虽然各种纯色背景在技术上都可以实现抠像，但是由于绿色或蓝色和人体肤色反差较大，条件允许时应尽量选择颜色均匀、平整的绿色或蓝色背景进行拍摄。欧美人由于眼睛虹膜为蓝色，通常使用绿色背景进行拍摄。

2）光线对于抠像素材的拍摄质量非常重要，拍摄时注意科学布光，根据后期合成需要及时进行调节，保证灯光照射的方向、强度、颜色等与最终合成背景的光线条件一致。

3）条件允许的前提下，摄影棚要有足够的空间，演员与墙壁要保持一定距离（1.8 米左右），减少环境光的散射影响，避免在墙壁上产生不必要的投影。演员表演时，肢体动作不能出画或超出背景范围，避免抠像时信息丢失。

4）为避免后期抠像时演员衣服颜色与背景颜色一起被抠除，拍摄时演员应避免穿着与背景颜色相同或相近的服饰。

5）拍摄抠像素材时，应使用高清摄像机或高清数码摄像机，保证素材的高分辨率。后期抠像时，需要在软件中对素材进行解释，选择"分离场"中的"高场优先"或"低场优先"，还原画面清晰的图像。

6）后期制作中，如果需要对前期拍摄素材中的运动物体进行跟踪，拍摄前需要在运动物体合适的位置布置跟踪点，跟踪点的颜色要醒目，与背景颜色区分度越大越好，拍摄时保证跟踪点不被其他物体遮挡，保证后期制作时跟踪运动的连续性。

7）抠像时可切换为 Alpha 通道或 Matte 遮罩视图，通过黑白两色清晰地观察抠除区域和保留区域边缘是否清晰，是否有噪点，以及半透明区域的抠像效果，通过参数调整保证抠像质量。

8）抠像后的图像合成到新场景中时，需要对抠像画面进行颜色校正，使其与背景颜色融为一体；同时需要调整抠像物体的大小、位置，以及投影的方向、深浅和模糊程度，使之与新背景中的物体相匹配。

7.4　常用抠像效果

AE 软件"Keying"效果组中的 Keylight（1.2）具有强大的抠像功能，深受客户青睐，"抠像"效果组中也包含多个抠像特效，在使用这些效果之前，可先尝试一下 Keylight 效果，如图 7-1 所示。

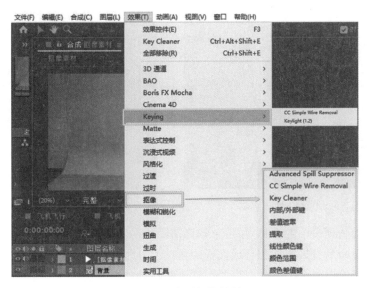

图 7-1　常用抠像效果

1. Keylight 抠像效果

在时间轴面板的素材上单击鼠标右键，在弹出的"效果"菜单中选择 Keying 中的 Keylight（1.2）效果；也可以选中时间轴面板的素材后，激活效果控件面板，在空白处单击鼠标右键，在"效果"菜单中选择 Keying 中的 Keylight（1.2）效果；或在效果和预设查找中输入 Key，将 Keylight（1.2）效果直接拖放至合成面板的素材上，这几种方法都可为抠像素材添加 Keylight（1.2）抠像效果。

使用吸管工具在素材需要去除的颜色上单击，即可将该颜色变为透明，实现抠像效果，如图 7-2 所示。

将 View 选项改为 Screen Matte，查看抠像效果。黑色区域为透明，白色区域为不透明，灰色区域为半透明。调节 Clip Black 和 Clip White 两项参数，使人物为纯白色，头发边缘为灰色，其他为纯黑色。设置"边缘柔和"参数，使边缘过渡更加柔和，如图 7-3 所示。

图 7-2　Keylight 抠像效果

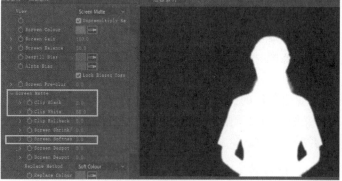

图 7-3　Screen Matte 效果

由于影棚面积较小，前期拍摄时，在画面左侧有墙壁出现，如图 7-4 所示。在后期抠像时，可通过为画面添加蒙版的方式去除杂物，如图 7-5 所示。

图 7-4　画面左侧有杂物

图 7-5　为画面添加蒙版

可以选择使用动画预设中的"Keylight + 抠像清除器 + 高级溢出抑制器"组合效果进行抠像。将动画预设中的组合命令直接拖拽到合成面板的素材上，即可在效果控件面板中为抠像素材添加效果组合命令。首先使用吸管工具吸取需要设置透明的颜色，发现头发和手臂有残留的绿色，如图 7-6 所示。

然后调节抠像清除器的参数，改善抠像效果；最后打开高级溢出控制器的效果开关，去除场景中的颜色溢出，如图 7-7 所示。

图 7-6　使用吸管工具吸取需要去除的颜色

图 7-7　去除残留的绿色

2. 抠像清除器

利用"抠像清除器"效果，可恢复通过典型抠像效果抠出的场景中 Alpha 通道的细节，包括恢复因压缩而丢失的细节。

3. 高级溢出抑制器

利用"高级溢出抑制器"效果，可消除颜色抠像中主题颜色的溢出。默认情况下，"高级溢出抑制器"效果处于关闭状态。"高级溢出抑制器"效果有两种溢出抑制方法。

- 标准："标准"方法比较简单，可自动检测主要抠像颜色，用户操作较少。
- 极致："极致"方法基于 Premiere Pro 中"极致键"效果的溢出抑制。

前期在绿色或蓝色背景的摄影棚中拍摄的素材，背景颜色均匀单一，在后期抠像处理时常用 AE 软件中内置的抠像效果进行抠像。包括内部/外部键、差值遮罩、提取、线性颜色键、颜色范围、颜色差值键等。

4. 内部/外部键

使用"内部/外部"键效果时，必须首先创建蒙版，定义需要隔离对象边缘的内部和外部。蒙版可以比较粗略，不需要完全贴合对象的边缘，但也不能离边界较远，以免降低抠像精度。

对于边缘简单的对象，在对象边界附近绘制单个闭合蒙版后，从"前景（内部）"菜单中选择"蒙版1"，并将"背景（外部）"菜单设置为"无"。调整"单个蒙版高光半径"，控制此蒙版周围边界的大小，修改边界周围的颜色，以移除沾染的背景色，如图 7-8 所示。

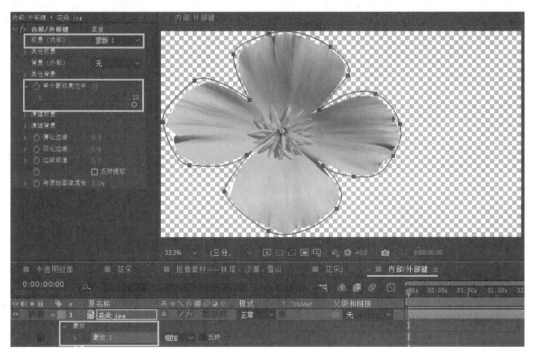

图 7-8　内部/外部键

- 薄化边缘：指定受抠像影响的遮罩边界数量。值为正则增大透明区域；值为负则增大不透明区域，即增大前景区域大小。
- 羽化边缘：增加羽化边缘值，可以柔化抠像区域的边缘。
- 边缘阈值：用于移除使图像背景产生不需要的杂色的低不透明度像素。
- 反转提取：反转前景和背景区域。

● 与原始图像混合：生成的提取图像与原始图像混合的程度。

提取多个对象，或在对象中创建内部缺口时，需要绘制其他蒙版，并且从"其他前景"和"其他背景"菜单中分别选择这些蒙版；然后从"清理前景"或"清理背景"菜单中选择它们。"清理前景"蒙版用于沿蒙版增加不透明度；"清理背景"蒙版用于沿蒙版减少不透明度；使用"笔刷半径"和"笔刷压力"选项来控制每个描边的大小和浓度，如图7-9所示。

图 7-9　提取多个对象

5. 差值遮罩

差值遮罩用于比较源图层和差值图层的差异，然后保留源图层中与差值图层中位置和颜色不同的像素。对于视频素材，可在源图层中找到仅包含背景的帧，将此帧进行冻结帧处理或另存为图像文件作为差值图层。通常，此效果用于抠除移动对象后面的静态背景，再将移动对象合成在新背景上。

如果拍摄的内容不包含完整的背景帧，则可以通过在 AE 软件或 Photoshop 软件中合并几个帧的部分像素来组合成完整的背景，如图7-10所示。

图 7-10　差值遮罩

6. 提取

"提取"效果显示"通道"菜单中指定通道的直方图。此直方图描绘了图层中的亮度级别，显示了每个级别的相对像素数量。从左到右为从最暗（值为 0）过渡到最亮（值为 255）。

在"通道"选项中，可根据素材特点选择适合的通道种类，使用直方图下的透明度控制条，可以调整变为透明的像素范围。与直方图有关的控制条的位置和形状可确定画面的透明度。拖动控制条右上角或左上角的选择手柄，可缩小或增大黑场和白场的数值，改变画面的透明度范围。拖动控制条右下角或左下角的选择手柄，影响图像较暗区域和较亮区域的柔和度；也可以通过调整"白色柔和度"（亮区）和"黑色柔和度"（暗区）数值来调整柔和度水平，如图 7-11 所示。

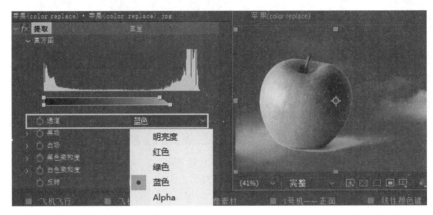

图 7-11　提取

7. 线性颜色键

线性颜色键上方显示两个缩览图，左边的缩览图展示的是未改变的源图像，右边的缩览图展示的是抠像后的效果。中间有三个吸管，最上方的吸管与主色吸管功能相同，用来制定透明像素的颜色；中间右下方带加号的吸管，用于添加设置透明区域的颜色；最下方带减号的吸管，用于弥补不透明区域的颜色。

可以调整主色、匹配容差和匹配柔和度。匹配容差用于指定像素在开始变透明之前匹配主色的密切程度；匹配柔和度用于控制图像和主色之间边缘的柔和度，如果像素的颜色与主色完全匹配，则此像素将变得完全透明；近似匹配的像素将变得半透明；完全不匹配的像素保持不透明，如图 7-12 所示。

图 7-12　线性颜色键

8. 颜色范围

"颜色范围"效果的"色彩空间"菜单中包括 Lab、YUV 或 RGB，可根据素材情况确定色彩空间类型。使用"主色"吸管指定透明颜色对应的区域；使用加号吸管，可增大透明颜色区域；选择减号吸管，可从抠出颜色的区域中去除其他颜色或阴影，如图 7-13 所示。

图 7-13　颜色范围

9. 颜色差值键

颜色差值键从不同的起始点把图像分成三个遮罩，即"遮罩 A（Matte Partial A）""遮罩 B（Matte Partial B）""Alpha 遮罩"。其中，遮罩 B 是基于键控色的，遮罩 A 是键控色之外的遮罩区域，这两个遮罩合并生成 Alpha 遮罩。

- 上方键控吸管：用于从素材视图中选择键控色。
- 中间黑色吸管：用于在遮罩视图中选择透明区域。
- 下方白色吸管：用于在遮罩视图中选择不透明区域。
- 视图：用于切换合成面板中的显示。可以选择多种视图。

颜色差值键可抠除蓝色或绿色背景拍摄的亮度适宜的素材，同时配合抠像清除器和高级溢出抑制器效果，实现高质量抠像，特别适合包含透明或半透明区域的图像抠像，如烟雾、轻纱、阴影、冰块或玻璃等，如图 7-14 所示。

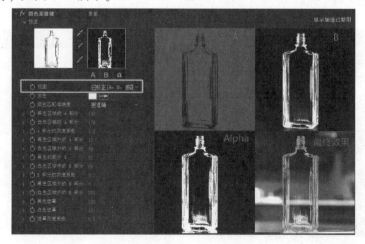

图 7-14　颜色差值键

7.5　复杂背景抠像

以上抠像方法多用于在蓝色或绿色幕布前或纯色背景前拍摄的视频画面，如果前期拍摄的视频素材背景比较复杂，使用以颜色或亮度为主的抠像方法，就不能达到较好的抠像效果。此时应用 Roto 笔刷动态抠像工具，通过智能化运算跟踪运动主体，能够将复杂背景下的物体抠出。

Roto 笔刷功能类似于 Photoshop 软件中的快速蒙版和魔术棒工具，能快速选取所需要的素材内容。可以通过按〈Alt+W〉键或在工具栏中选择 Roto 笔刷工具切换到 Roto 笔刷工具。Roto 笔刷功能包括 Roto 笔刷工具和调整边缘工具两项，如图 7-15 所示。

图 7-15　Roto 笔刷功能

注意：Roto 笔刷只能在素材的图层面板中使用，双击合成面板或时间轴面板中的素材，可切换到图层面板，如图 7-16 所示。

图 7-16　图层面板

默认情况下，鼠标光标为中间带有加号的绿色圆圈。按〈Ctrl+9〉键或在窗口菜单中打开画笔面板，可调节画笔直径大小；也可以在按住〈Ctrl〉键的同时，在图层面板中拖动鼠标改变画笔直径大小。

将时间指示器移至抠像开始帧，使用画笔将抠像物体选出。Roto 笔刷默认为加选状态，若要减去不需要的部分，可按住〈Alt〉进行减选。此时 Roto 笔刷工具的指针将变为中间带有减号的红色圆圈。通常开始时使用较大直径笔刷粗略描绘主体，然后减小笔刷直径进行描边，获得精准边界，如图 7-17 所示。

图 7-17　绘制抠像物体边界

完成抠像主体描边后，按空格键从基帧沿传播方向传播；也可以按〈PgUp〉和〈PgDn〉键或按住〈Ctrl〉键的同时按左右方向键，可以向前或向后逐帧传播；还可以将当前时间指示器移动到目标帧，等待渲染完成后显示渲染结果。使用笔刷工具绘制边界时，需要将合成面板中的分辨率设置为"完整"，否则会在图层面板中出现黄色警示条，如图 7-18 所示。

图 7-18　在合成面板中将分辨率设置为"完整"

如果在渲染过程中描边脱离主体，则将时间指示器移至出现描边错误的第一帧，对描边进行修正后重新渲染，如图 7-19 所示。

图 7-19　对描边进行修正

可以通过单击图层面板下方按钮，或使用键盘快捷键从图层面板的"显示通道"菜单中选择不同的视图模式。从左到右依次为：切换 Alpha 、切换 Alpha 边界 、切换 Alpha 叠加 、Alpha 边界/叠加颜色 、Alpha 边界/叠加不透明度 。可通过切换不同的显示画面来检查抠像效果，如图 7-20 所示。

Roto 笔刷遮罩设置完成后，单击图层面板右下方的"冻结"按钮锁定遮罩位置，这样 Roto 笔刷就不必重新传播边缘。冻结后，可以继续对遮罩进行调整，而无须重新传播，如果在冻结之后需要添加或删除选区，需再次单击"冻结"按钮取消冻结，如图 7-21 所示。

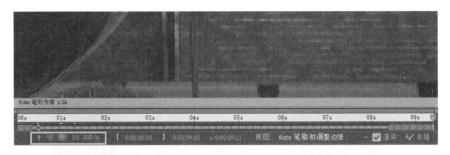

切换Alpha　　　　　　　　切换Alpha边界　　　　　　　切换Alpha叠加

图 7-20　视图模式

调节效果控件面板中"Roto 笔刷和调整边缘"效果的相关参数，可进一步优化和改进渲染结果，调整边缘工具还可用于具有丰富细节的边缘，并可在调整边缘遮罩属性组中进行精细控制；另外还提供了用于补偿运动模糊和净化边缘颜色的选项，当处理毛发之类的精微细节遮罩时，应用此功能可取得较好效果，如图 7-22 所示。

图 7-21　使用"冻结"锁定遮罩位置

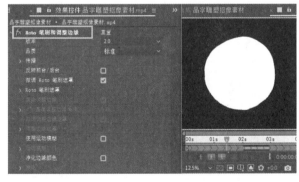

图 7-22　Roto 笔刷和调整边缘

【方法引导】

首先利用 Keylight 抠像效果对绿屏前的宇航员进行抠像，经过颜色调整后，合成到太空背景中，以适应新背景的环境色调；并设置宇航员由远及近、飞入太空舱内的运动效果。

【项目实施】

项目效果　　制作过程

任务 7.6　新建合成并导入素材

1) 启动 AE 软件，在项目面板空白处双击鼠标左键，在"导入文件"对话框中，选择"制作素材"文件夹，单击对话框下方的"导入文件夹"按钮，以文件夹形式导入所有素材。单击项目面板下方的"新建合成"按钮" "，在"合成设置"对话框中，将"合成名称"改为"太空漫步"，将"预设"设置为"HD·1920×1080·25fps"，"持续时间"设为10秒钟，如图7-23所示。

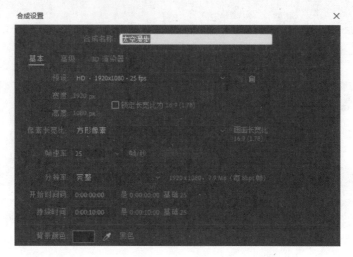

图 7-23　新建合成

2）展开制作素材，将素材拖放至时间轴面板，在"太空船"图层上单击鼠标右键，在弹出的菜单中选择"变换">"适合复合宽度"，快捷键为〈Ctrl+Alt+Shift+H〉，使图层画面与合成大小相匹配，如图7-24所示。

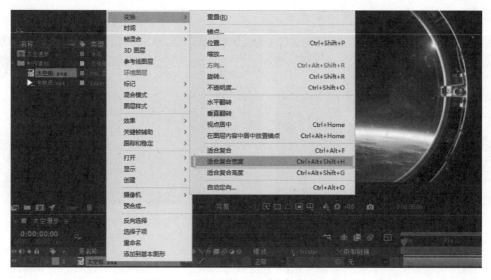

图 7-24　设置图层画面适合合成大小

任务 7.7　宇航员抠像和调色

1）将"宇航员"素材拖放至时间轴面板最上层，为图层添加"效果">Keying>Keylight（1.2）效果。切换到效果控件面板，使用吸管工具吸除"宇航员"素材的绿色背景，适当调节

Screen Matte 中的 Clip Black 和 Clip White 参数，使抠像效果最佳，如图 7-25 所示。

图 7-25 设置参数进行抠像

2）选择"宇航员"图层，为图层添加"效果">"颜色校正">"颜色平衡"，在效果控件面板中适当增加"阴影红色平衡"和"中间调红色平衡"数值，使宇航员在合成到新背景后，衣服颜色与环境光颜色相匹配，如图 7-26 所示。

图 7-26 对抠像后的"宇航员"图层进行调色处理

任务 7.8 设计宇航员的运动路径

1）选择"宇航员"图层，按〈P〉键调出位置属性，按〈Shift+S〉键调出缩放属性。将时间指示器移至零秒处，设置位置参数为（1760，120），缩放为 50%；将时间指示器移至 4 秒处，设置位置参数为（960，540），缩放为 100%；将时间指示器移至 6 秒处，选中 4 秒处的"位置"和"缩放"关键帧，按〈Ctrl+C〉键进行复制，按〈Ctrl+V〉键粘贴在 6 秒处，使宇航员在 4~6 秒处于静止状态；将时间指示器移至 9 秒处，设置位置参数为（280，1000），缩放为 220%，制作宇航员由远及近进入太空舱的动画效果，如图 7-27 所示。

2）按空格键进行预览，发现宇航员的运动路径比较呆板。选择位置属性，显示宇航员的运动路径，使用鼠标调整关键帧手柄（2024 版 AE 软件需同时按〈Ctrl+Alt〉键，此时光标变为转换顶点工具），将运动路径设置为曲线。同时选择所有关键帧，按〈F9〉键转为缓动，使宇航员的运动路径更加平滑流畅，如图 7-28 所示。

图 7-27　设置宇航员的运动路径

图 7-28　将关键帧转为缓动

任务 7.9　宇航员进入太空船内

选择"太空船"图层，按〈Ctrl+D〉复制一层，移至最上层；在工具栏中选择钢笔工具，为最上层的"太空船"图层悬窗右上方绘制蒙版，制作宇航员飞入舱内的动画效果，如图 7-29 所示。

图 7-29　为"太空船"图层添加蒙版

任务 7.10　添加背景音乐并输出成片

在项目面板空白处双击鼠标左键，在"导入文件"对话框中，选择"背景音乐"素材，将其拖拽至时间轴面板中。按空格键进行预览，满意后按〈Ctrl+S〉键保存，按〈Ctrl+M〉键渲染输出成片，如图 7-30 所示。

图 7-30　添加背景音乐并输出成片

【项目小结】

本项目介绍了 AE 软件常用的抠像技术，可根据素材的不同特点，采用不同的抠像方法，实现高质量的抠像效果。

如果抠像素材是在蓝色或绿色幕布前或其他纯色背景前拍摄的，可首先使用 Keylight 效果进行抠像。该效果功能强大、控制力强，配合"抠像清除器"和"高级溢出抑制器"效果，可解决绝大多数抠像问题；如果抠像素材的背景为静态背景，可在视频画面中找到仅包含背景的帧，并将此帧进行冻结帧处理或另存为图像文件作为差值图层，使用差值遮罩效果进行抠像；如果抠像素材为黑白背景或灰度背景，可使用提取效果，使用直方图下的透明度控制条控制透明区域，对物体进行抠像；如果抠像素材中包含玻璃、冰块、烟雾等透明或半透明区域，可使用颜色差值键，配合"抠像清除器"和"高级溢出抑制器"效果进行抠像；如果抠像素材为复杂背景的视频画面，则使用 Roto 笔刷工具进行动态抠像。

【技能拓展：Roto 笔刷工具——复杂背景抠像】

制作要求如下。

1）掌握 Roto 笔刷工具的使用方法。

2）自行设计并拍摄视频素材，将主体从复杂动态画面中抠出。

3）在合成面板中，制作主体抠像后的合成动画效果。

【课后习题】

一、多选题

1. 为了保证演员从背景中完美抠出，前期在蓝屏或绿屏前拍摄时必须做到以下几个方面：（　　）。

A. 背景颜色均匀　　　　　　　　　　　B. 环境灯光均匀柔和

C. 演员不能穿与背景相同颜色的服装　　D. 演员与背景墙壁要保持一定距离

E. 演员要事先了解剧本，表演到位　　　F. 必要时需要设置跟踪点

2. 影视后期制作中采用抠像技术，主要目的是（　　）。

A. 减少演员实景表演的危险性　　　　　B. 控制影片制作成本

C. 提高影片艺术表现效果　　　　　　　D. 炫耀影片制作的技术含量

二、判断题

1. 后期抠像的基本原理，是找出画面中所去除和保留物体的颜色、明度的区别。　　　　　　（　　）

2. 抠像合成时，在没有蓝、绿背景的情况下，如果演员服装没有红色，也可以用红色背景代替。（　　）

3. Keylight 抠像能通过选取抠像颜色对画面进行识别，抠掉选中的颜色。可在屏幕蒙版模式下调整黑、白、灰 3 种颜色，黑色表示完全透明，白色表示完全不透明，灰色表示半透明。　　　　　　（　　）

4. 对于复杂背景的运动主体，可以使用 Keylight 效果进行抠像。　　　　　　　　　　　（　　）

5. Roto 笔刷工具只能在图层面板中使用。　　　　　　　　　　　　　　　　　　　　　（　　）

三、简答题

1. 使用抠像技术的基本流程是什么？

2. 简述差值遮罩的使用方法。

3. 如何根据抠像素材的特点选择合适的抠像效果？

技能进阶篇

项目 8	人偶工具——花园赏花

【学习导航】

知识目标	1. 了解人偶控点工具的作用。 2. 掌握 5 种人偶控点工具的功能。 3. 掌握常见物体的运动规律。 4. 熟练掌握关键帧动画的设置方法。
能力目标	1. 能够根据设计需求选择适当的人偶控点工具。 2. 能够根据设计需求正确选择人偶控点工具的属性设置关键帧。 3. 能够制作被操控对象不同类型的动画效果。
素质目标	1. 具有精益求精的工作态度。 2. 具有较强的自学能力和观察能力。 3. 具有较强的创新创意能力。
课前预习	1. 了解常见物体的运动规律。 2. 复习关键帧动画的设置方法。

【项目概述】

前面学习了关键帧动画、路径动画、表达式等多种动画制作方法，这些方法在被操控对象不分图层的情况下，通常都是针对整个对象进行动画制作，但是有时候需要对被操控对象的局部进行动画设置，比如人物摇头、摆手或走路等动作，或者对被操控对象的局部做变形处理等。在 AE 软件中，可以通过人偶控点工具为整体图层对象制作局部动画。

本项目利用人物的静态图片，使用人偶工具制作走路、摇头、摆手等动态效果，并制作花朵随风摇动的效果。通过案例制作，学习利用人偶控点工具，对合成中的被操控对象进行拉伸、挤压、扭曲、缩放及其他变形处理，并通过控点属性关键帧的设置，制作被操控对象的动画效果。

【知识点与技能点】

8.1　人偶工具定义

微课视频

人偶控点工具：又称"木偶工具"，快捷键为〈Ctrl+P〉。根据控点（也称"操控点"）的部位和类型，对被操控对象的不同部位进行拉伸、挤压、扭曲、缩放及其他变形处理，类似于 Photoshop 软件中的"变形"〈Ctrl+T〉命令。

8.2 人偶控点工具

AE 软件的人偶控点工具组中有 5 个工具，分别为人偶位置控点工具、人偶固化控点工具、人偶弯曲控点工具、人偶高级控点工具、人偶重叠控点工具。反复按快捷键〈Ctrl+P〉可顺序切换 5 种工具。

每种工具都有不同的作用，控点决定了对象的运动方式，AE 软件会自动创建网格并指定每个控点影响的范围，可以根据需要，使用不同的工具添加不同类型的控点，如需更换控点类型，可在时间轴面板中打开操控点，在"固定类型"中根据需要进行切换。

1. 人偶位置控点工具

人偶位置控点工具（Puppet Position Pin Tool）如图 8-1 所示。人偶位置控点在用户界面中显示为黄色圆圈，用来添加和移动位置控点，从而改变该区域位置。位置控点如同提线木偶中的提线连接处，添加的控点越多，每个控点影响的区域就越小，如图 8-2 所示。

图 8-1 人偶位置控点工具

为合成面板中的被操控对象添加控点后，在时间轴面板中会自动为该图层添加"操控"效果，并在当前时间指示器的位置为操控点自动添加第 1 个关键帧。后续操作只需移动时间指示器的位置并调节相应的控点参数，就会自动生成关键帧。所有添加的控点都会出现在时间轴面板中的"效果">"操控">"网格 1">"变形"属性组中，如图 8-3 所示。

图 8-2 添加位置控点

图 8-3 为操控点添加关键帧

按住〈Shift〉键可选中多个控点；按〈Delete〉键可删除控点；使用选择工具可移动控点。添加控点后时间指示器所在时刻会自动生成关键帧，记录当前操控点的位置参数，因此，在添加控点前应注意当前时间指示器的位置。

工具选项如下。

- 网格（Mesh）：可选择是否显示网格。在"工具"面板中选择"显示"，可显示网格。
- 扩展（Expansion）：决定了网格线包围的范围，即控点位置变化时的影响范围，如果想做一个影响面积较大的运动，可增加扩展参数值，直到网格覆盖所需要的区域。
- 密度：决定网格中自动计算的三角形的布局、大小和数量。密度（Density）越高，三角形越小；降低密度，三角形将增大，网格变稀疏。

2. 人偶固化控点工具

人偶固化控点工具（Puppet Starch Pin Tool）如图 8-4 所示。人偶固化控点在用户界面中显示为红色圆圈，用于设置固化控点（也称为"扑粉"控点），决定物体联动的效果，让物体的一部分固定，一部分运动起来，受固化的部分不易发生扭曲变形，固化控点越密集，网格中的三角形也就越密集，如图 8-5 所示。

图 8-4　人偶固化控点工具　　　　　　图 8-5　添加固化控点

3. 人偶弯曲控点工具

人偶弯曲控点工具（Puppet Bend Pin Tool）如图 8-6 所示。人偶弯曲控点在用户界面中显示为橙褐色圆圈，用于设置弯曲控点，允许对被操控对象的某一部分进行缩放、旋转，同时又不改变位置。

鼠标置于圆上方块拖拽用于缩放，鼠标置于圆周可用于旋转。同时按住〈Shift〉键时，可以15°为增量进行旋转，或是以 5% 为增量进行缩放；使用弯曲控点实现缩放或旋转时，最好再添加一个位置控点来辅助控制影响范围，如图 8-7 所示。

图 8-6　人偶弯曲控点工具　　　　　　图 8-7　添加弯曲控点

4. 人偶高级控点工具

人偶高级控点工具（Puppet Advanced Pin Tool）如图 8-8 所示。人偶高级控点在用户界面中显示为绿色圆圈，用于设置高级控点，可控制部分图像的缩放、旋转及位置。中心点改变控点位置，圆上方块用于缩放，鼠标置于圆周可旋转。高级控点可同时设置位置、缩放和旋转，相当于位置控点和弯曲控点的功能组合。同弯曲控点一样，添加位置控点或高级控点更利于控制影响范围，如图 8-9 所示。

位置关键帧在合成面板和图层面板中显示为运动路径，可以像其他图层一样设置路径和关键帧；也可以使用表达式将变形控点的位置与运动跟踪数据、音频振幅关键帧或任何其他属性进行链接。

图 8-8　人偶高级控点工具　　　　　　　图 8-9　添加高级控点

5. 人偶重叠控点工具

人偶重叠控点工具（Puppet Overlap Pin Tool）如图 8-10 所示。人偶重叠控点在用户界面中显示为蓝色圆圈，用于设置重叠控点，变形后发生区域重叠时，通过"置前"和"范围"参数设置，决定哪一部分图像在前面，哪一部分图像在后面。

图 8-10　人偶重叠控点工具

注意：人偶重叠固定应用于被操控对象的初始轮廓，而不是变形后的对象。

- 置前：当两部分像素重叠时，"置前"数值大的像素显示在前。"置前"值为负，用暗色填充，"置前"值为正，用亮色填充，数值越大填充区域越不透明。亮色填充表示在前，暗色填充表示在后。当重叠的两部分像素都为亮色或暗色时，数值大的像素显示在前。
- 范围：控点在网格上对重叠区域影响的范围大小。通过对网格的受影响部分进行填充，可直观地表示重叠区域影响的范围大小。

例如，通过为女孩脸部或手中的花添加人偶重叠控点，控制花朵在脸的前方显示，如图 8-11 所示。

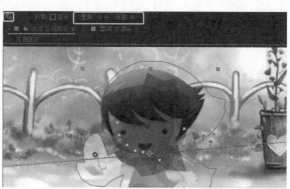

图 8-11　添加重叠控点

8.3　制作变形动画

使用人偶工具制作变形动画，本质上是给时间轴面板上各个控点的位置、旋转或缩放等属性设置关键帧。

（1）手动制作动画

手动制作动画的方法与传统添加关键帧的方法相同。在时间轴面板中选择需要添加动画的图层，在工具栏中选择适当的人偶控点工具，在合成面板或图层面板中，单击图层中任何不透明的像素，可添加人偶控点。可同时在被操控对象的多个位置根据需要添加不同类型的控点，图层属性中的控点编号与添加的顺序一致。移动时间指示器到其他时刻，通过鼠标调整控点工具的位置、缩放、旋转等参数，或在合成面板或图层面板中使用鼠标直接调节控点位置、缩放和旋转，可以为控点的相应属性添加关键帧，并制作人偶动画效果，如图 8-12 所示。

图 8-12　手动制作动画

（2）利用"记录选项"自动生成位置关键帧动画

利用传统关键帧进行动画设置，速度较慢，而且比较单调。选择人偶位置控点工具，在右侧单击"记录选项"，打开"操控录制选项"对话框，如图 8-13、图 8-14 所示。

图 8-13　工具栏中选择"记录选项"

图 8-14　"操控录制选项"对话框

- 速度：动画录制时运动速度和播放时的速度比率。如果"速度"参数为 100%，则动画的记录速度与回放速度相等；如果"速度"参数大于 100%，则动画的记录速度快于回放速度；如果"速度"参数小于 100%，则动画的记录速度慢于回放速度。
- 平滑：值较高时，在绘制运动路径时能通过较少的关键帧使运动更平滑。

在对话框中对"速度"和"平滑"参数进行设置，并勾选"使用草图变形"选项，单击"确定"按钮。按住〈Ctrl〉键，当光标靠近控点时，光标旁边显示时钟图标，使用鼠标拖动操控点左右摇摆改变位置，即可对操控点的"位置"参数进行动画制作。此时时间指示器开始记录"位置"参数的变化情况，释放鼠标按钮时记录结束，自动生成"位置"关键帧，如图 8-15 所示。

图 8-15　制作花朵摇摆效果

注意："记录选项"只对人偶位置控点有效，如果需要对多个控点进行同样的位置关键帧设置，可在按住〈Shift〉键的同时选择多个控点，利用"记录选项"自动生成"位置"关键帧动画。

【方法引导】

首先在女孩腿部、脚部和脖子设置了 5 个操控点，通过对脚部操控点的关键帧设置完成行走动作；通过对脖子的操控点参数设置实现弯腰闻花的动作；通过对右侧腿部操控点的固化，防止女孩弯腰时变形过大。然后通过形状工具绘制花朵，通过"记录选项"在按住〈Ctrl〉键的同时使用鼠标对操控点进行拖拽，设置其在空中左右摇摆的动作。

【项目实施】

任务 8.4	导入素材、新建合成并设置位移

项目效果　　制作过程

1）打开 AE 软件，双击项目面板空白处，导入"花园"和"女孩"素材，使用鼠标左键拖拽"花园"素材，放置在项目面板下方的"新建合成"按钮上，以"花园.jpg"图片为大小新建合成，如图 8-16 所示。

2）在"花园"合成的名称上单击鼠标右键，在弹出的菜单中选择"合成设置"；或按快捷键〈Ctrl+K〉，弹出"合成设置"对话框，将"合成名称"修改为"花园赏花"，将"持续时间"设置为 10 秒钟，如图 8-17 所示。

图 8-16　导入素材新建合成

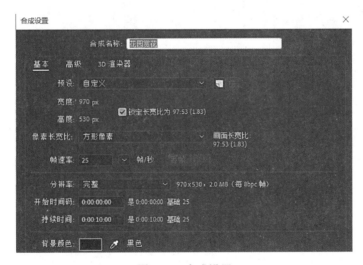

图 8-17　合成设置

任务 8.5　通过操作点工具设置走路效果

1）导入"女孩"素材至"花园赏花"合成，将女孩移动到画面右侧，按〈S〉键适当缩小。由于近大远小的透视规律，当小女孩走到左侧时会变得越来越大，接着对"女孩"图层的位置、"缩放"设置关键帧。在 0 秒时，小女孩处于画面右侧；5 秒时，调整女孩到屏幕的左侧，并适当放大，如图 8-18 所示。

图 8-18　设置女孩位移动画效果

2）选中"女孩"图层，在工具栏中选择"人偶位置控点工具"，分别在女孩的"腿部""脚部""脖子"等部位设置 5 个操控点，如图 8-19 所示。

图 8-19　添加人偶位置控点

3）打开"女孩"图层>"效果">"操控">"网格 1">"变形"，可以看到刚刚设置的 5 个操控点。可为操控点分别改名，方便后期区分，如图 8-20 所示。

4）在 0 秒、0.5 秒、1 秒、1.5 秒、2 秒、2.5 秒、3 秒、3.5 秒、4 秒、4.5 秒、5 秒处分别设置左右两只脚的关键帧，用时 5 秒从右往左走到花朵前，如图 8-21 所示。

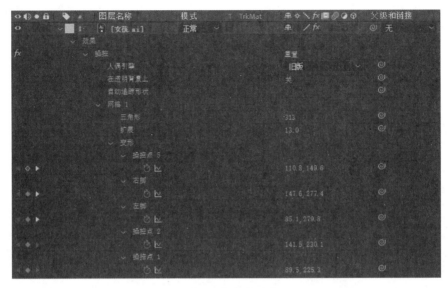

图 8-20　操控点改名

图 8-21　设置女孩行走的动画效果

任务 8.6　使用形状工具绘制变色花朵

1）在时间轴面板的空白处单击鼠标右键，在弹出的"新建"菜单中选择"形状图层"，新建一个形状图层，如图 8-22 所示。

图 8-22　新建形状图层

2）选择"形状图层 1"，选择工具栏中的"星形工具"拖拽出一个五角星，展开其参数，将"外圆度"的数值调整至 140% 左右，调整出花瓣的形状，如图 8-23 所示。

3）在"填充选项"对话框中选择"径向渐变"。将时间指示器移至 0 秒处，为"渐变填充

1">"颜色"添加关键帧，使用鼠标左键单击"编辑渐变"，打开"渐变编辑器"对话框。在0秒处设置左侧滑块为淡粉色，右侧滑块为红色；将时间指示器移至4秒处，左侧滑块颜色不变，右侧滑块设置为绿色，如图8-24所示；将时间指示器移至8秒处，打开"渐变编辑器"对话框，左侧滑块颜色不变，右侧滑块设置为粉色，完成变色花朵的制作，如图8-25所示。

图8-23　制作花朵轮廓

图8-24　设置花朵变色动画效果1

图8-25　设置花朵变色动画效果2

任务8.7　使用钢笔工具绘制花梗

1）选择"形状图层1"，在工具栏中选择钢笔工具绘制花梗，修改"填充"为"无填充"，如图8-26所示。

图 8-26　绘制花梗

2）选择"描边选项"为"纯色"，大小设置为 5 像素，"描边颜色"为墨绿色。对"花朵"与"花梗"的位置进行调整，将"花朵"调整至"花梗"上层，如图 8-27 所示。

图 8-27　对花梗进行描边并调整位置

任务 8.8　制作花朵左右摇摆动画

1）适当调整花朵大小，并移至画面左侧适当位置。选择"人偶位置控点工具"，在"花朵心部""花梗中部""花梗尾部"设置操控点，如图 8-28 所示。

2）选择"记录选项"，在弹出的"操控录制选项"对话框中，将"速度"设置为100%，"平滑"设置为 10，勾选"使用草图变形"，单击"确定"按钮。左键选中花朵心部的中心点，同时按住〈Ctrl〉键，拖动花朵左右移动，随着时间轴指针的移动，系统会自动记录下花朵的运动状态，在时间轴上已经生成了一系列的关键帧，记录了花朵左右摇摆的运动状态，如图 8-29 所示。

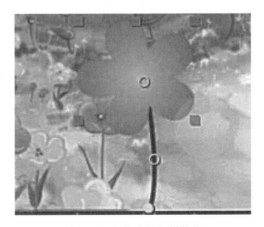

图 8-28　为花朵添加操控点

图 8-29　使用"记录选项"制作花朵摇摆动画效果

任务 8.9　制作女孩低头闻花动画

　　选择"女孩"图层，将时间指示器移至 6 秒处，为"操控点 5"的位移添加关键帧；将时间指示器移至 7 秒处，将"操控点 5"向前移动，制作脖子带动头部低头闻花的动作，将时间指示器移至 8 秒处，复制第 7 秒的关键帧，让闻花动作停留一秒；将时间指示器移至 9 秒处，复制第 6 秒的关键帧，还原女孩的动作，如图 8-30 所示。

图 8-30　制作女孩低头闻花动作

任务 8.10　导入背景音乐并输出成片

　　在项目面板的空白处双击鼠标左键，在"导入文件"对话框中，导入"背景音乐"素材，将其拖拽至时间轴面板中。按空格键进行预览，满意后按〈Ctrl+S〉键进行保存，按〈Ctrl+M〉

键渲染输出成片，如图 8-31 所示。

图 8-31　导入背景音乐并输出成片

【项目小结】

　　本项目讲述了使用人偶控点工具制作动画的方法，详细介绍了 5 种人偶控点工具的功能和特点，同时介绍了两种人偶位置动画的制作方法。

　　第一种方法是在时间轴面板中手动修改每个操控点的属性参数，通过关键帧记录动画效果，或使用表达式提高动画制作效率；第二种方法是使用"记录选项"自动录制位置动画，选择需要制作动画的操控点，按〈Ctrl〉或〈Command〉键，使用鼠标拖拽操控点产生位移变化，AE 软件会自动生成位置关键帧，记录操控点位置参数的变化情况。

　　在制作动画之前，需了解被操控对象的运动规律，并通过关键帧或人偶草图变形的方法，制作出符合运动规律的人偶动画效果。

【技能拓展：利用人偶控点工具制作动画效果】

　　制作要求如下。

　　1）自主设计绘制或利用生成式人工智能文生图技术创建需要制作动画的人偶或其他操控对象。

　　2）遵循物体运动规律，为人偶等被操控对象设计动画效果。

　　3）合理选用人偶控点工具，按照设计方案为操控点添加关键帧，制作人偶动画效果。

【课后习题】

一、单选题

1. 能够对合成中的被操控对象进行拉伸、挤压、扭曲及其他变形处理的工具是(　　　)。

A. 钢笔工具　　　　　　　　　　B. Roto 笔刷工具　　　　　　　　C. 仿制图章工具

D. 人偶控点工具　　　　　　　　E. 画笔工具

2. (　　　)可以设置当被操控对象不同区域相互重叠时，哪一部分应该显示在前面。

A. 人偶位置控点工具　　　　　　B. 人偶固化控点工具　　　　　　C. 人偶弯曲控点工具

D. 人偶高级控点工具　　　　　　E. 人偶重叠控点工具

3. (　　　)可以增加被操控对象的硬度，从而使这部分图像不易扭曲。

A. 人偶位置控点工具　　　　　　B. 人偶固化控点工具　　　　　　C. 人偶弯曲控点工具

D. 人偶高级控点工具　　　　　　E. 人偶重叠控点工具

二、判断题

1. 位置控点如同提线木偶中的提线连接处，添加的控点越多，每个控点影响的区域就越小。　　(　　　)

2. 在"操控录制选项"对话框中，如果设置"速度"参数大于 100%，则动画的回放速度快于它的记录速度。　　(　　　)

三、简答题

1. 人偶位置控点工具和人偶高级控点工具有何不同？

2. 请说出制作控点位置动画的两种方法。

项目 9　跟踪运动——手机光影

【学习导航】

知识目标	1. 了解动态草图、摇摆器和平滑器的动画设置方式。 2. 了解跟踪范围的构成元素和含义。 3. 了解跟踪运动的应用场景和要求。 4. 掌握跟踪运动的几种常用方式。
能力目标	1. 能够根据素材特点合理选择跟踪运动的方式。 2. 能够根据素材特点合理设置运动范围外框、内框和中心点。 3. 能够根据素材特点合理设置跟踪参数，提高工作效率。 4. 能够使用 3D 摄像机跟踪器将 3D 对象放置在 2D 素材中。
素质目标	1. 具有精益求精的工作态度。 2. 具有较强的团队合作意识。 3. 具有较强的创新创意能力。
课前预习	1. 了解运动物体的运动规律。 2. 观看影视剧作品，并观察其中跟踪运动技术的应用情况。

【项目概述】

本项目使用跟踪运动技术制作手机在黑暗中划过留下一道彩色轨迹的动画，项目制作之前，首先学习 AE 软件跟踪和稳定运动的相关知识以及具体方法。

跟踪技术常应用于合成类特效制作，通过特效软件分析、跟踪视频画面中的运动对象，并将该运动的跟踪数据应用于另一个对象或效果，使之跟随运动物体同步运动；稳定运动技术能实现对画面晃动的修正，通过变形稳定器可稳定拍摄抖动的素材；使用 3D 摄像机跟踪器可方便地跟踪摄像机运动，进而通过对画面的分析反求出摄影机的运动信息，使放置在 2D 素材中的 3D 对象具有同样的透视效果；了解动态草图、摇摆器和平滑器等面板的使用方法。

【知识点与技能点】

9.1　跟踪和稳定技术简介

微课视频

跟踪技术主要是指软件通过智能分析画面中的关键像素，计算出这些像素信息的变化数据，并将这些数据匹配至其他元素，实现对这些像素信息变化的跟踪。在 AE 软件中，跟踪和稳定技术主要体现在 4 个方面：跟踪摄像机、跟踪运动、变形稳定器、稳定运动。

AE 软件将跟踪的相关功能整合在跟踪器面板中，可在"窗口"菜单中将面板激活，在跟踪器面板中可看到常用的跟踪命令，如图 9-1 所示。

1. 跟踪摄像机

3D 摄像机跟踪器通过对视频画面进行分析，提取摄像机运动和 3D 场景的数据，反求出原有实拍摄像机的运动路径，包括摄像机的焦距、位置与旋转等信息。通过分析数据，把素材真实自然地融入三维场景中。

在时间轴面板中选择需要添加 3D 摄像机跟踪器的视频图层，通过以下 3 种方法为图层添加 3D 摄像机跟踪器。

1）在"动画"菜单中选择"跟踪摄像机"。

2）在"窗口"菜单中勾选"跟踪器"，在跟踪器面板中选择"跟踪摄像机"。

3）在时间轴面板的图层上单击鼠标右键，在"效果"中选择"透视">"3D 摄像机跟踪器"。

为图层添加 3D 摄像机跟踪器后，在效果控件面板中会显示该效果，同时在素材上先后出现蓝色条幅和橙色条幅，表明正在对素材进行解析，如图 9-2 所示。

图 9-1　激活跟踪器面板

图 9-2　为图层添加 3D 摄像机跟踪器

解析完成后，画面出现 x 形状的跟踪点。绿色点表示最稳定的跟踪点，通常提供最准确的跟踪信息；蓝色点为次稳定的跟踪点，提供相对稳定的跟踪信息；红色点的稳定性最差，可能提供较不准确的跟踪信息，如图 9-3 所示。

按住〈Shift〉键或者〈Ctrl〉键的同时，使用鼠标选择三个跟踪点，这三点之间会出现一个半透明的三角形，同时在三角形内部出现红色圆环，表明平面在 3D 空间中的位置和方向。在三角形区域内单击鼠标右键，单击某个跟踪点，会弹出快捷菜单，可根据需要选择要创建的内容类型，如图 9-4 所示。

 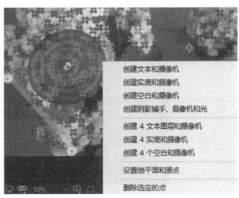

图 9-3　跟踪点　　　　　　　　　　　　　图 9-4　创建内容菜单

例如：选择"创建文本和摄像机"选项，可生成文本图层和 3D 跟踪器摄像机图层；选择"创建实底和摄像机"选项，可生成纯色层和 3D 跟踪器摄像机，文本图层和纯色层的三维图层开关会自动开启。如果已经生成 3D 跟踪器摄像机，则不再重复生成，如图 9-5 所示。

可以通过"创建阴影捕手、摄像机和光"来创建逼真的阴影效果，并通过调节阴影捕手图层的位置和比例，达到希望的投影效果。注意创建阴影捕手、摄像机和光时，应基于创建文本或实底时的定位平面，以便后期调节投影的位置和角度等参数，如图 9-6 所示。

图 9-5　创建文本和摄像机

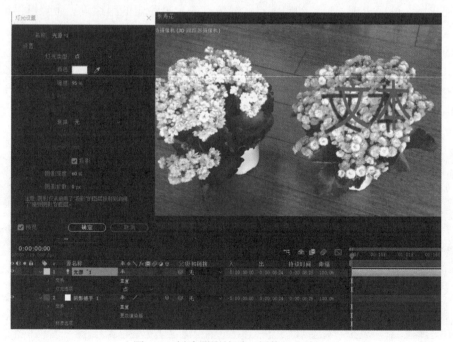

图 9-6　创建阴影捕手、摄像机和光

　　如果视频画面需要进行稳定处理，则首先为图层添加变形稳定器，对图层进行预合成，然后再添加 3D 摄像机跟踪器效果。

　　2. 跟踪运动

　　跟踪运动技术可以对画面中的运动对象进行跟踪，将该运动的跟踪数据应用于另一个对象

（如另一个图层对象或效果控制点），实现两个对象同步跟随运动的效果。

（1）跟踪运动基本概念

在"窗口"菜单中选择跟踪器，工作界面中显示跟踪器面板。在时间轴面板中选择需要跟踪的图层，单击"跟踪运动"，激活相关参数设置。此时由合成面板切换到图层面板，画面中出现跟踪点，可以根据画面中运动物体的具体情况选择相应的跟踪类型。"位置"选项对应一个跟踪点，"旋转"和"缩放"选项对应两个跟踪点，如图9-7所示。

在进行运动跟踪之前，首先需要定义跟踪点的跟踪范围。跟踪范围由两个方框和一个十字星构成，外面的方框为跟踪搜索区域，里面的方框为跟踪特征区域，十字星为跟踪点。搜索区域和特征区域都由封闭的框架构成，并各有 4 个控制点，通过移动控制点可以调整两个区域的范围；在搜索区域或特征区域内，单击鼠标左键不放，可移动跟踪范围的位置，此时区域变为放大镜，方便准确定位，如图9-8所示。

图 9-7　跟踪运动　　　　　　　图 9-8　跟踪点构成

搜索区域用于定义下一帧的跟踪区域，将搜索限制到较小的搜索区域可以节省搜索时间。搜索区域的大小与需要跟踪物体的运动速度有关，被跟踪素材的运动速度越快，意味着两帧之间的位移越大，搜索区域也要适当增大，跟踪时间也会增加。

特征区域用于定义跟踪目标的范围。系统记录当前特征区域内对象的颜色、明亮度或饱和度等特征，在后续画面中依据这个特征进行匹配跟踪。对影像进行运动跟踪，要确保特征区域有较强的颜色或亮度特征，与其他区域有高对比反差。一般情况下，前期拍摄过程中需要对运动物体做好标记，以便后期达到最佳的跟踪效果。

跟踪点由十字星构成，用于指定跟踪目标的位置（图层或效果控制点），以便与跟踪图层中的运动特性进行同步。鼠标左键靠近十字星时，变为右下方带有 4 个箭头的空心三角形，可移动跟踪点的位置。当跟踪完成后，结果将以关键帧的方式记录到图层的相关属性。将跟踪点的运动数据信息应用于其他图层，则该图层将产生跟踪运动的效果。

（2）跟踪运动的类型

跟踪运动工具能够对 5 种运动进行跟踪，分别为位置跟踪、旋转和缩放跟踪、位置和旋转跟踪、平行边角定位和透视边角定位，具体采用哪种方法和工作流程，取决于物体运动的性质和需要跟踪的属性，有时需要定义多个跟踪区域才能完成跟踪运动的全过程。

- 单点跟踪：位置跟踪。
- 两点跟踪：旋转、缩放、位置和旋转。
- 三点跟踪：平行边角定位。
- 四点跟踪：透视边角定位。

（3）跟踪运动的应用

应用跟踪运动时，合成图像中通常有两个图层：一个为运动源图层，另一个为运动应用图层，即应用运动跟踪数据的图层。合成图像中也可以只有一个运动源图层，此时应在运动源图层上添加应用运动跟踪数据的相关效果，并与获取的运动跟踪数据建立关联，实现跟踪运动。

1）位置跟踪。

位置跟踪方式只有一个跟踪点，记录视频画面中具有位置属性的特征参数数据。

位置跟踪是 5 种跟踪方式中最简单的一种，在进行位置跟踪时，可以将一个图层或效果连接到跟踪点上，但因为位置跟踪具有一维属性，只能控制一个点，所以当物件产生歪斜或透视效果时，位置跟踪不能依据物件的透视角度发生变化。

例如，使用位置跟踪方式对素材中的手机进行运动跟踪。首先，将时间指示器移至素材开始处，将跟踪点定位在手机屏幕最亮处，适当调节搜索区域和特征区域的范围大小；然后单击跟踪运动面板中的"选项"按钮，打开"动态跟踪器选项"对话框，将"通道"设置为"明亮度"；单击"分析"中的"向前分析"按钮，跟踪点会跟随手机运动路径采集其运动数据。

如果跟踪过程中出现跟踪点追丢手机的现象，可以将时间指示器移至丢失处，重新调整跟踪范围大小，再次单击"向前分析"按钮，直至追踪完成。此时，时间轴面板中的素材上已经通过关键帧记录了跟踪点 1 的运动数据，如图 9-9 所示。

运动物体跟踪完成后，将跟踪数据应用于"写入"效果的"画笔位置"属性，并设置颜色、画笔大小等参数的关键帧，沿手机运动路径绘制出彩色轮廓，如图 9-10 所示。详细操作过程见项目实施中的相应任务。

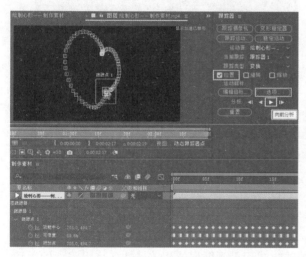 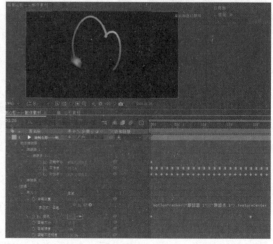

图 9-9 "跟踪点 1"的运动数据　　　　　图 9-10 "写入"效果

2）旋转、缩放跟踪。

旋转跟踪是将被跟踪物体的旋转方式复制到其他图层或本图层中具有"旋转"属性的效果参数（例如钟表指针转动），它具有两个跟踪点，一个确定中心点，另一个跟踪旋转的外弧。在进行旋转跟踪时，第一个跟踪点到第二个跟踪点带箭头的连线决定旋转角度，如图 9-11 所示。

跟踪工具通过两个跟踪点的相对位置移动计算出物体的旋转角度，并且将这个旋转角度赋值到其他图层上，使其他图层上的物体与被跟踪物体以相同的方式旋转。

缩放跟踪通过将每个帧上跟踪点之间的距离与开始帧上跟踪点之间的距离进行比较来计算缩放。将跟踪数据应用于目标时，为"缩放"属性创建关键帧。

3）位置和旋转跟踪。

位置和旋转跟踪具有两个跟踪点。跟踪工具通过两个跟踪点的相对位置移动计算出物体的位移及旋转角度，并将跟踪数据应用到其他图层上，为"位置"和"旋转"属性创建关键帧，使其他图层上的物体与运动源图层上的物体以相同的方式运动，如图 9-12 所示。

图 9-11　旋转跟踪

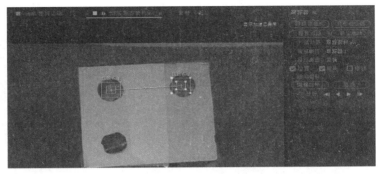
图 9-12　位置和旋转跟踪

4）平行边角定位。

利用 3 点确定一个平面的原理，用 3 个跟踪点对像素的移动进行跟踪，第 4 个跟踪点与前面 3 个点构成一个平行四边形。在跟踪完成后自动为跟踪时选定的图层增加一个 Corner Pin（边角定位）的特技效果，然后将跟踪结果记录到 Corner Pin 相应的效果点上，如图 9-13 所示。

5）透视边角定位。

透视边角定位具有 4 个跟踪点，同时跟踪素材上 4 个点的位置变化，可根据素材中的运动对象自由调节 4 个点的位置，进行精准定位。在跟踪完成后自动为跟踪时选定的图层增加一个 Corner Pin 的特技效果，然后将跟踪结果记录到 Corner Pin 相应的效果点上。由于使用 4 个点控制跟踪运动物体，因此可以产生透视效果，如图 9-14 所示。

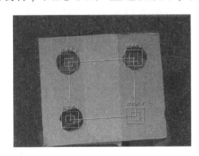
图 9-13　平行边角定位

图 9-14　透视边角定位

（4）跟踪运动控件

- 运动源：包含要跟踪运动的图层。
- 当前跟踪：活动跟踪器，可选择跟踪器来修改跟踪器的设置。
- 跟踪类型：指需要采用的跟踪模式。所有跟踪模式的运动跟踪原理是相同的，不同之处在于跟踪点的属性、数量以及跟踪数据应用于目标的方式。
- 运动目标：应用运动跟踪数据的图层或效果控制点。单击"编辑目标"可打开"运动目标"对话框，选择应用运动数据的"图层"或"效果点控制"，如图 9-15 所示。如果在"跟踪类型"中选择了"原始"，则没有目标与跟踪器相关联。
- 选项：打开"动态跟踪器选项"对话框，其中包括用于 AE 软件原始内置跟踪器的选项，在"通道"中可根据运动源的突出特征，选择 RGB、明亮度、饱和度等特征参数进行跟踪，如图 9-16 所示。
- 分析按钮：开始对源素材中的跟踪点进行帧到帧的分析。

- 向后分析 1 帧：通过返回到上一帧来分析当前帧。

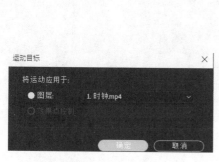

图 9-15 "运动目标" 对话框

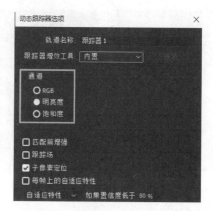

图 9-16 "动态跟踪器选项" 对话框

- 向后分析◀：从当前时间指示器向后分析到已修剪图层持续时间的开始。
- 向前分析▶：从当前时间指示器分析到已修剪图层持续时间的末端。
- 向前分析 1 帧▶│：通过前进到下一帧来分析当前帧。

注：分析正在进行时，"向后分析"和"向前分析"按钮变为"停止"按钮，跟踪漂移或因其他原因失败时，可以使用此按钮停止分析。

- 重置：恢复特征区域、搜索区域，并将跟踪点附加在其默认位置，并删除当前所选跟踪中的跟踪数据。已应用于目标图层的跟踪器控制设置和关键帧将保持不变。
- 应用：将跟踪数据（以关键帧的形式）发送到目标图层或效果控制点的相应属性。

（5）跟踪运动效果的操作流程

1）选择"窗口"菜单中的"跟踪器"，打开跟踪器面板。

2）将运动源图层和目标图层导入时间轴面板，在时间轴面板中选择运动源图层。

3）选择跟踪器面板的"跟踪运动"选项，工作界面自动切换到"图层"面板。

4）根据跟踪素材的运动特点，选择稳定、变换、平行边角定位、透视边角定位等跟踪类型。选择"变换"跟踪类型后，还要根据素材的运动情况选择"位置"、"旋转"或"缩放"，以指定需要生成的关键帧属性。

5）设置好后，将时间指示器移动到跟踪开始帧，设置跟踪点的位置以及跟踪区域大小。

6）单击"编辑目标"按钮，在"运动目标"对话框中设置应用运动跟踪数据的目标图层或效果点控制。

7）单击"选项"按钮，打开"动态跟踪器选项"对话框，根据运动物体的颜色、明亮度、饱和度中最明显的特征选择跟踪通道。

8）单击"向前分析"按钮，系统会自动分析画面中物体的运动轨迹。

9）如果跟踪不准确或出现跟丢物体的现象，单击"停止"按钮，重新校正跟踪点的位置，调整搜索区域和特征区域的大小，然后继续分析。

10）完成后单击"应用"按钮，弹出设置应用维度的小窗口，默认为 x 和 y，单击"确定"按钮，将运动数据关键帧施加到目标图层或效果点控制的相应属性上。

11）工作界面自动切换到合成面板，按空格键可预览跟踪运动效果。

（6）对特征区域离开跟踪目标的处理

对影像进行运动跟踪时，如果跟踪目标运动状态较为复杂，经常会遇到特征区域离开跟踪目标的情况，这时可以用以下方法加以解决。

- 在运动源图层面板中，将时间指示器移至开始出现跟踪错误的时刻，重新调整跟踪点十字星的位置，适当加大特征区域范围和搜索区域范围。
- 在"动态跟踪器选项"中根据素材特点修改跟踪特征的通道类型。
- 手动对出现跟踪错误的帧进行关键帧调节，重新进行跟踪。

3. 变形稳定器

拍摄时摄像机难免会产生一些晃动，因此拍摄画面也会产生晃动，这种晃动可能会影响观众的观影感受，可以通过稳定处理功能将画面晃动进行一定程度的修正，使画面尽量保持稳定。在"窗口"菜单中勾选"跟踪器"，在工作界面中打开跟踪器面板。在跟踪器面板中，通过"变形稳定器"和"稳定运动"的方式对视频画面进行稳定处理，如图 9-17 所示。

在时间轴面板中选择需要进行稳定处理的图层，单击"变形稳定器"按钮，在效果控件中会出现"变形稳定器"效果，如图 9-18 所示。

图 9-17　跟踪器面板

图 9-18　变形稳定器

- 结果（Result）：用于控制预期结果，包括"平滑运动"和"无运动"。"平滑运动"（Smooth Motion）可使相机移动更加平稳，但不能消除移动，可使用"平滑度"（Smoothness）参数设置控制移动的平稳度；"无运动"（No Motion）会尝试消除相机的所有移动。
- 方法（Method）：用于指定变形稳定器对视频进行稳定处理的方式，包括："位置"（Position），仅基于位置数据；"位置、缩放、旋转"（Position, Scale, Rotation），使用 3 种数据；"透视"（Perspective），有效地对整个帧画面进行边角定位；"子空间变形"（Subspace Warp，默认设置），尝试以不同方式对帧画面的各个部分进行变形处理，从而稳定整个帧画面。
- 边界（Borders）：设置稳定处理完成后视频画面边界（移动的边缘）的处理方式。因为画面进行稳定处理后，边缘会出现黑边，"取景"（Framing）用于控制边缘在稳定结果中的显示方式，并确定是否使用其他帧画面中的内容裁剪、缩放或合成边缘。
- 自动缩放（Auto-scale）：显示当前的自动缩放量，并且可以对自动缩放量设置限制。
- 高级（Advanced）：可用于更好地控制 VFX 变形稳定器的处理效果。

在时间轴面板中选择需要稳定处理的视频素材，单击跟踪器面板中的"变形稳定器"按钮，此时在合成面板的画面上出现蓝色横条，软件在后台对视频素材进行分析，效果控件中会出现变形稳定器效果参数，如图 9-19 所示。

分析结束后，出现橙色横条，此时正在对画面进行稳定处理。横幅消失后，按空格键进行预览，可以看到视频画面的抖动有所改善，如图 9-20 所示。

在效果控件中，将变形稳定器的"平滑度"适当增大，调整为 80%，变形稳定器会再次对画面进行稳定处理，此时内存中保存了初始分析数据，无须重新分析视频。为了防止稳定处理过程中视频画面出现黑色边框，对视频进行了放大处理，如图 9-21 所示。

图 9-19　在后台对视频素材进行分析

图 9-20　对画面进行稳定处理

图 9-21　增大"平滑度"参数

为了进一步改善画面的稳定性，在变形稳定器中将"结果"设置为"无运动"，对相机进行锁定。按空格键预览，画面更加稳定。此时，为了防止画面出现黑框，视频画面会进一步放大，如图 9-22 所示。

图 9-22　将"结果"设置为"无运动"

4. 稳定运动

在时间轴面板中选择需要稳定运动的图层，单击跟踪器中的"稳定运动"按钮，可以手动对素材进行稳定处理。此时合成面板切换到图层面板，根据素材画面的具体情况，选择位置、旋转或缩放，将跟踪点放置到画面亮度或颜色较明显的相对固定的区域，将时间指示器移至 0 秒处，单击面板中的"向前分析"按钮，对视频画面进行分析，如图 9-23 所示。

图 9-23　稳定运动

分析完成后，在图层面板和时间轴面板中会出现大量关键帧，单击"应用"按钮，在弹出的"动态跟踪器应用选项"对话框中，将"应用维度"设置为"X 和 Y"，单击"确定"按钮，如图 9-24 所示。

图 9-24　"动态跟踪器应用选项"对话框

按空格键预览，画面进行了稳定处理。同时，合成画面出现黑色边框，可将缩放参数适当增大，隐藏黑色边框，但会降低画面的清晰度，如图 9-25 所示。

图 9-25　稳定处理后的效果

5. 稳定运动、跟踪运动与跟踪摄像机的区别

稳定运动用于消除素材画面的抖动。由于前期拍摄时摄像机不稳定或者其他因素干扰，导致摄像机晃动从而造成画面晃动，可使用变形稳定器或稳定运动消除画面的轻微晃动，保持画面稳定。

与稳定运动针对视频素材本身进行处理不同，跟踪运动通常将物体的跟踪运动信息应用于其他图层或自身图层的效果参数，通过跟踪数据指定的像素运动轨迹产生关键帧，再应用于需同步运动的对象。

为视频素材添加 3D 摄像机跟踪器效果后，后台对视频素材进行解析，以提取摄像机运动和 3D 场景数据。3D 摄像机运动允许基于 2D 素材正确合成 3D 元素，并且可以将 3D 摄像机跟踪器数据导出到 3D 应用程序（例如 MAXON CINEMA 4D）。

9.2　动态草图

动态草图是一种快速生成关键帧的动画制作方法。在"窗口"菜单中勾选"动态草图"，工作界面会显示动态草图面板，如图9-26所示。

- 捕捉速度：记录鼠标运动时的速度和播放速度的比率，如果速度参数为100%，则动画的记录速度与回放速度相等；如果速度参数大于100%，则动画的记录速度快于回放速度；如果速度参数小于100%，则动画的记录速度慢于回放速度。
- 平滑：参数值较高时，在绘制运动路径时通过较少的关键帧使运动更平滑。
- 显示：勾选"线框"，捕捉过程中合成面板显示被选图层的外轮廓线；勾选"背景"，捕捉过程中显示背景画面。二者可以都不勾选，捕捉过程中画面显示为黑色；也可同时勾选，显示外轮廓线和背景画面。

图9-26　动态草图面板

- 开始：当前合成设置的开始时间。
- 持续时间：当前合成设置的时间长度。
- 开始捕捉：按住鼠标左键，在合成面板中拖拽鼠标绘制运动路径，软件可自动生成位移关键帧。

在时间轴面板中，选择需要制作动画的图层，将时间指示器移至0秒处，根据需要设置捕捉速度、平滑和显示方式的相关参数，单击"开始捕捉"按钮，将光标移至合成面板内，光标变为十字星状态，单击鼠标左键不放，在画面中拖拽出运动路径，即可为选中图层添加沿路径运动的动画效果，如图9-27所示。

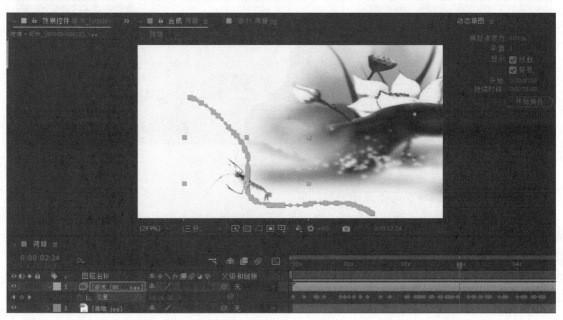

图9-27　绘制运动路径

在"图层"菜单中选择"变换">"自动定向"，打开"自动方向"对话框，设置为"沿路径定向"，并适当调节旋转参数，使虾头沿路径向前运动，如图9-28所示。

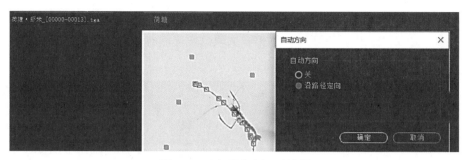

图 9-28　"自动方向"对话框

9.3　摇摆器

摇摆器可以为已经添加了关键帧的属性参数添加抖动变化的动画效果。在"窗口"菜单中勾选"摇摆器",工作界面会显示摇摆器面板。

此时摇摆器选项显示为灰色,说明摇摆器未被激活。在时间轴面板中,选择需要制作动画的图层,打开其需要添加摇摆动画的相关属性,将时间指示器移至不同时刻,添加关键帧。此时选择相关属性名称,即可将摇摆器激活,如图 9-29 所示。

图 9-29　摇摆器

注意:摇摆器只有在相关属性添加了关键帧之后才能够被激活。例如,为从左向右移动的五角星添加位置抖动和颜色抖动。首先在工具栏中选择星形工具,在合成面板左侧绘制填充颜色为红色的五角星,为其添加颜色校正中的"颜色平衡 HLS"命令;然后将时间指示器移至 0 秒处,为色相添加关键帧,同时打开"变换"属性中的"位置"属性,为位置添加关键帧;将时间指示器移至 5 秒处,为色相添加一个相同参数的关键帧,适当增加位置参数的横坐标,使五角星向右移动,如图 9-30 所示。

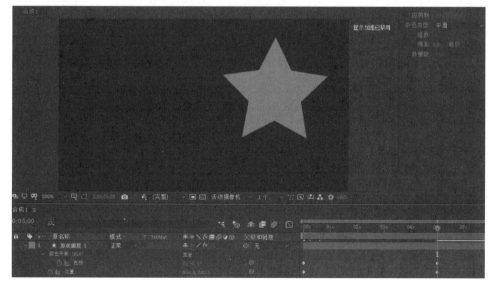

图 9-30　制作五角星并添加效果和运动

选择时间轴面板中的"色相"属性，此时摇摆器参数被激活，将"频率"设置为 5，"数量级"设置为 50，单击"应用"按钮，为色相添加颜色变化的抖动效果。按空格键可预览五角星颜色抖动变化的效果，如图 9-31 所示。

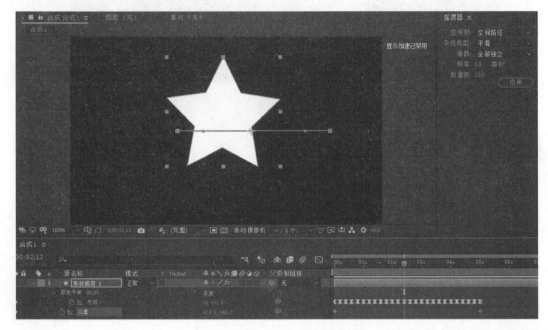

图 9-31 为"色相"属性应用摇摆器效果

在时间轴面板中选择"位置"属性。设置"应用到"为"空间路径"，将"频率"设置为 5，将"数量级"设置为 20，单击"应用"按钮，为位置添加抖动效果。按空格键预览可以看到，五角星在移动过程中出现位置的抖动和颜色的随机变化，如图 9-32 所示。

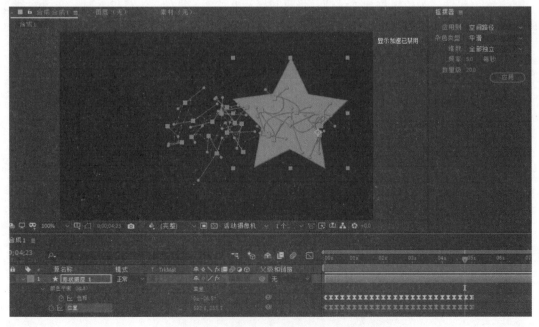

图 9-32 为"位置"属性应用摇摆器效果

9.4　平滑器

　　平滑器可以为已经添加了关键帧的属性参数添加平滑效果。在"窗口"菜单中勾选"平滑器"，工作界面会显示平滑器面板。此时"平滑器"选项显示为灰色，说明平滑器未被激活。在时间轴面板中，选择需要制作动画的图层，打开其需要添加平滑效果的相关属性，此时选择相关属性名称，即可将平滑器激活。选择上述五角星图层的"色相"属性，将平滑器的容差值调整为10，单击"应用"按钮。此时色相变化更加柔和，如图 9-33 所示。

图 9-33　平滑器

　　选择上述五角星图层的"位置"属性，将平滑器的容差值调整为50，单击"应用"按钮，位置路径变化更加柔和，如图 9-34 所示。

图 9-34　修改平滑器的容差值

【方法引导】

通过观察"绘制心形"素材，确定跟踪类型为变换中的位置跟踪。因为手机在背景中亮度较高，所以在选项中将"通道"设置为"明亮度"，通过向前分析，对手机的运动轨迹进行跟踪，如果跟踪过程中手机追丢，可以在出现错误的位置重新调整跟踪点的位置和搜索区域、特征区域的范围大小，重新进行追踪。得到跟踪数据后，将其赋予"写入"效果的"画笔位置"，适当设置笔触颜色和画笔大小，并通过平滑器，对"绘制心形"素材的"功能中心"属性进行平滑设置，使心形轮廓更加平滑连贯。

【项目实施】

任务 9.5 导入素材并新建合成

项目效果　制作过程

打开 AE 软件，在项目面板的空白处双击鼠标，导入"绘制心形"视频素材，将其拖拽到项目面板下方的"新建合成"按钮上，以其为大小新建合成，如图 9-35 所示。

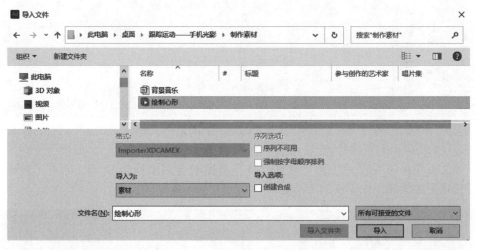

图 9-35　导入素材并新建合成

任务 9.6 使用单点跟踪获取手机运动路径

1）在"窗口"菜单中勾选"跟踪器"，打开跟踪器面板，在时间轴面板中选择"绘制心形"图层，单击跟踪器中的"跟踪运动"，切换到图层面板，适当扩大搜索区域，将跟踪点移至手机屏幕上，如图 9-36 所示。

注意：跟踪运动的跟踪点设置和相关参数设置是在图层面板中完成的，单击跟踪器面板的"跟踪运动"按钮时，会自动切换到图层面板。

2）设置跟踪类型为"变换"，勾选"位置"属性，将时间指示器移至 0 秒处，在分析中单击"向前分析"按钮，对素材进行分析。被跟踪物体在运动过程中，如果个别位置特征不太明显就容易追丢，需要在出错的位置重新设置跟踪点和搜索区域，单击"向前分析"按钮继续完成分析，保证跟踪的运动路径连贯平滑。分析完成后在图层面板中显示手机运动的关键帧轨迹，如图 9-37 所示。

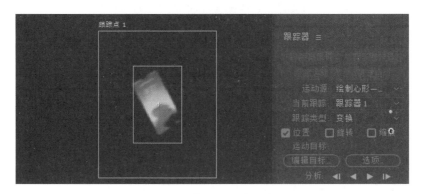

图 9-36 应用"跟踪运动"

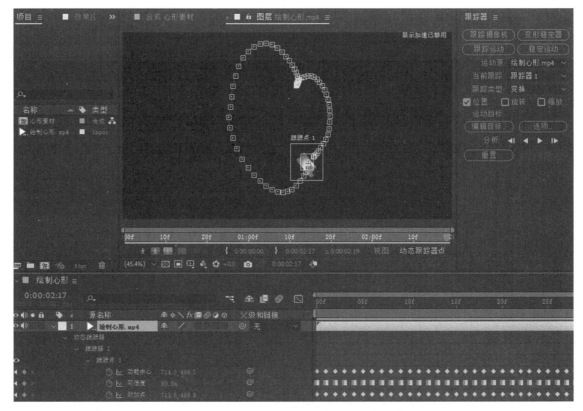

图 9-37 跟踪手机运动轨迹

3）单击跟踪器中的"选项"按钮，打开"动态跟踪器选项"对话框。可以根据被跟踪物体的颜色、亮度和饱和度特征，选择适合追踪的通道属性。如果被追踪物体的颜色与周围环境差别较大，则选择 RGB 属性；如果亮度较高，则选择明亮度；如果饱和度较高，则选择饱和度属性进行跟踪，防止运动物体追丢，其他参数可选默认值，如图 9-38 所示。

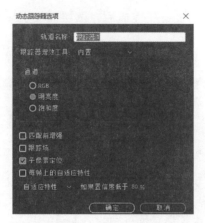

图 9-38　根据素材特点选择通道类型

任务 9.7　使用"写入"效果绘制彩色路径

1）运动物体跟踪完成后，将跟踪数据应用于"写入"效果的画笔位置，沿手机运动路径绘制出彩色轮廓。在时间轴面板中单击鼠标右键，在弹出的"新建"菜单中选择"纯色"，将名称改为"黑色"，颜色设置为黑色，单击"确定"按钮，如图 9-39 所示。

2）在时间轴面板中的纯色层上单击鼠标右键，选择"效果">"生成">"写入"。在效果控件面板中设置"画笔大小"为 5。在时间轴面板中单击"画笔位置"前面的码表图标，打开其表达式，将表达式关联器拖拽至"绘制心形"图层跟踪点 1 的"功能中心"上，为二者建立联系。切换至合成面板后，可以看到沿手机运动轨迹绘制出了白色心形图案，如图 9-40 所示。

图 9-39　新建纯色图层

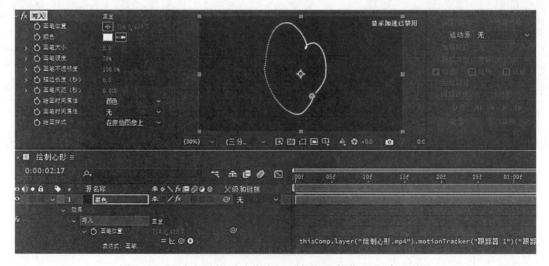

图 9-40　跟踪点 1 的"功能中心"与"画笔位置"建立联系

3）接下来设置"写入"效果的相关参数，调节心形轮廓的颜色、粗细和平滑度。将时间指示器移至 0 秒处，为"颜色"和"画笔大小"添加关键帧，将颜色设置为绿色，画笔大小设置为5；将时间指示器移至 15 帧处，颜色改为黄色；将时间指示器移至 1 秒处，颜色改为红色，画笔大小修改为 30；将时间指示器移至 2 秒 5 帧处，颜色设置为蓝色，画笔大小设置为5，如图 9-41 所示。

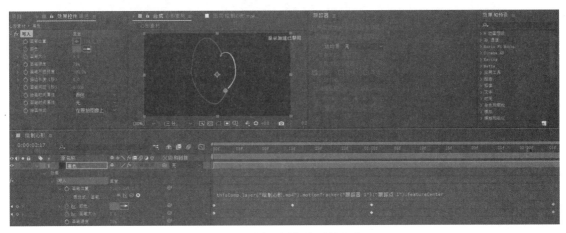

图 9-41　设置颜色和画笔大小

4）按空格键预览，发现心形轮廓的粗细忽大忽小，并且线条不连贯。将"画笔间距"设置为 0.005 秒，将"画笔时间属性"改为"大小和硬度"，再次预览可以看到，心形轮廓更加连贯，且有了粗细的渐变效果，如图 9-42 所示。

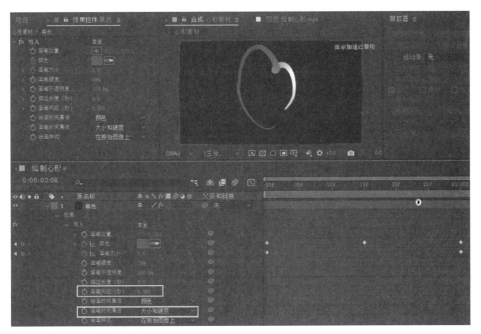

图 9-42　设置"画笔间距"和"画笔时间属性"参数

5）仔细观察心形轮廓，发现还有一些不太平滑的地方，最后通过平滑器对心形轮廓进行平滑处理。在"窗口"菜单中选择"平滑器"，打开平滑器面板，选择"绘制心形"图层的"功能中心"属性，选定所有关键帧，在平滑器面板中将"容差"设置为 20，单击"应用"按钮。再次按空格键预览，发现此时心形轮廓已经非常平滑顺畅了。如果需要显示下方手机的画面，可将黑色纯色层的混合模式设置为"屏幕"，即可看到下方图层的画面内容，如图 9-43 所示。

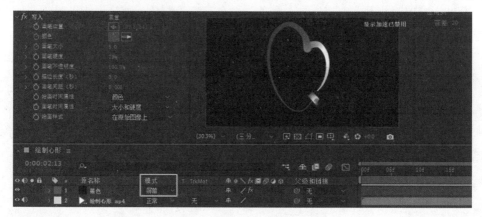

图 9-43　设置图层混合模式

任务 9.8　添加背景音乐并输出成片

在项目面板的空白处双击鼠标左键，打开"导入文件"对话框，将"背景音乐"素材导入项目面板，并将其拖拽至时间轴面板中，为成片添加背景音乐。按空格键进行预览，满意后按〈Ctrl+S〉键保存工程文件；按〈Ctrl+M〉键，将成片效果渲染输出，如图 9-44 所示。

图 9-44　添加背景音乐并输出成片

【项目小结】

本项目讲解了 AE 软件中关于跟踪和稳定运动的相关知识与技术，介绍了跟踪运动常用 5 种跟踪类型的设置方法，读者可通过本书资源提供的案例，掌握如何根据素材特点确定跟踪类型，设置相关参数，选择适当的跟踪特征，通过将获取的运动数据应用于另一对象，制作跟踪与被跟踪物体同步运动的效果。

3D 摄像机跟踪器效果可通过对视频画面进行分析，提取摄像机运动和 3D 场景的数据，反求出原有实拍摄像机的运动路径，包括摄像机的焦距、位置与旋转等信息。通过分析数据，将 2D 素材真实自然地融入 3D 场景中。

本项目还介绍了动态草图、摇摆器和平滑器的使用方法，为特效软件制作动画增加了新的技术手段。

【技能拓展：设计制作四点跟踪案例】

制作要求如下。

1）自行设计四点跟踪项目的分镜头脚本。

2）根据分镜头脚本要求拍摄素材。为提高后期跟踪运动的效率和精度，拍摄前在运动物体上做好标记点。

3）对素材进行跟踪，并将数据应用于跟踪对象。

4）适当调节相关参数，使运动更加平滑连贯。

【课后习题】

一、单选题

1. 如果需要在运动的汽车上加一个标志，应该使用的特效技术是（　　）。

A. 关键帧　　　　　　B. 跟踪运动　　　　　　C. 预合成　　　　　　D. 蒙版

2. 能够对前期拍摄的视频画面进行稳定处理的特效技术是（　　）。

A. 关键帧　　　　　　B. 跟踪运动　　　　　　C. 稳定运动　　　　　　D. 平滑器

二、多选题

1. 跟踪器面板中的 4 种常用功能按钮是（　　）。

A. 跟踪摄像机　　　　B. 跟踪运动　　　　　　C. 变形稳定器　　　　　D. 稳定运动

2. 通常 AE 软件的跟踪类型有（　　）。

A. 稳定　　　　　　　B. 变换　　　　　　　　C. 平行边角定位　　　　D. 透视边角定位

E. 原始

三、判断题

1. 搜索区域的大小与运动物体的速度有关，被跟踪素材的运动速度越快，搜索区域越小。　　　　　　（　　）

2. AE 软件的稳定处理工具可以彻底解决前期拍摄素材抖动的问题，所以拍摄时不用防抖。　　　　　　（　　）

四、简答题

1. 在跟踪运动中如何设置搜索范围的大小？

2. 简述跟踪运动中特征区域的作用和设置方法。

3. 简述稳定运动、跟踪运动与跟踪摄像机的区别。

项目 10　校色与调色——蓝莲花

【学习导航】

知识目标	1. 了解色彩的基本知识。 2. 理解常用色彩模式。
能力目标	1. 能够针对画面存在的颜色问题，恰当选择颜色命令。 2. 能够使用常用的颜色命令进行色彩调整。 3. 能够根据偏色情况找到原因，并选择适当的方法进行偏色校正。
素质目标	1. 提高对色彩的认知水平。 2. 具有较高的艺术修养。 3. 具有较强的创新创意能力。
课前预习	1. 了解 AE 软件中蒙版、调整图层的作用。 2. 复习常用亮度、颜色命令的使用方法。 3. 复习 Photoshop 软件中通道抠像的原理。 4. 了解 AI 工具在校色与调色等方面的应用情况。

【项目概述】

在前期拍摄过程中，由于光线或其他因素影响，存在曝光、白平衡等方面的问题，拍摄的画面色彩不统一，色调不能满足后期制作的要求。这就需要后期合成时，对前期拍摄的素材进行调色处理，使色调更加符合影片整体风格和内容表达，提高画面的整体质感。

本项目需要将素材中盛开的洋红色莲花调整为蓝色。在对素材进行调色之前，首先要明确影片的主题、影片的色彩风格，需要何种颜色氛围，然后选择合适的调色效果进行调色，遵循先调光、后调色的步骤进行操作，使整个影片的色调更加和谐统一，达到影片思想的有效传达。通常新闻类作品采用客观标准的自然色彩即可；纪录片、剧情片可以根据影片整体风格确定冷暖基调，并适当加入冷暖对比，以突出影片表现的主题。

【知识点与技能点】

10.1　颜色校正与调整技术简介

微课视频

颜色处理包括两个方面的内容：一是颜色校正，二是颜色调整。

颜色校正，通常指在拍摄现场由于拍摄环境和光线等原因，存在白平衡和曝光错误，使得画面存在偏色或亮度问题；或者在不同环境和光线条件下拍摄的多个素材，在合成时需要进行颜色和亮度的统一调整，这些问题都需要后期在软件中使用校色工具和校色技术进行纠偏，还原拍摄现场的真实颜色。

颜色调整，是利用调色技术对画面中的颜色进行主观性调整，比如通过改变色相，对花朵的颜色进行修改，使画面主体更加突出；或者将春夏季节绿草茵茵的环境，改为金秋时节草木金黄的画面效果，营造作品需要的环境色彩氛围，使画面符合故事情节需求，更具观赏性和艺术性。

10.2　色彩基础知识介绍

（1）色彩三要素

色彩三要素包括色相、饱和度（纯度）和明度。

1）色相：各类色彩的相貌称谓，是色彩的首要特征，是区别各种色彩的最准确的标准，通常用角度表示。除黑、白、灰以外的颜色都有色相属性，色相由原色、间色和复色构成。光的三原色包括红、绿、蓝，基本色相为红、橙、黄、绿、蓝、紫。每种颜色两侧相邻的颜色称为相似色，使用相似色进行配色，能够创造出和谐且相互融合的视觉效果。在光学中，当两种色光以适当的比例混合能产生白光时，这两种颜色互为补色，如图 10-1 所示。

2）饱和度：饱和度是指色彩的鲜艳程度，也称色彩的纯度。饱和度取决于该色中含色成分和消色成分（灰色）的比例。含色成分越大，饱和度越大；消色成分越大，饱和度越低。饱和度越高，颜色纯度就越高，各种单色光是最饱和的色彩，如图 10-2 所示。

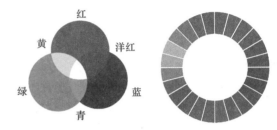

图 10-1　色彩三要素

3）明度：明度是指色彩的明亮程度，任何色彩都存在明暗变化，不同的颜色明度不同，其中黄色明度最高，紫色明度最低，绿、红、蓝、橙的明度相近，为中间明度。明度决定于照明的光源强度和物体表面的反射系数，由于物体反射光量的区别而产生颜色的明暗强弱，是眼睛对光源和物体表面明暗程度的一种视觉经验，如图 10-3 所示。

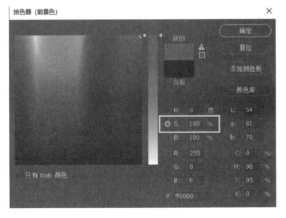

图 10-2　饱和度

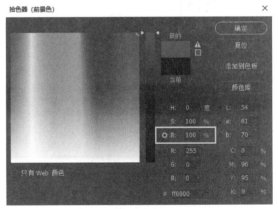

图 10-3　明度

（2）色彩模式

色彩模式是将某种颜色表现为数字形式的模型，由于成色原理不同，决定了显示器、投影仪、扫描仪这类靠色光直接合成颜色的颜色设备，与打印机、印刷机这类使用颜料的印刷设备在颜色生成方式上的区别，可分为 RGB 模式、CMYK 模式、HSB 模式、Lab 模式、位图模式、灰度模式、索引模式、双色调模式和多通道模式，下面介绍其中三种模式。

1）RGB 模式：通过红（Red）、绿（Green）、蓝（Blue）三个颜色通道存储颜色信息，称为三基色或三原色。RGB 模式是发光模式，叠加后变亮，又称为加色模式。把三种基色交互重叠，就产生了次混合色黄（Yellow）、青（Cyan）、紫（Purple），即三原色的互补色。显示器、投影仪、扫描仪、数码相机等都是基于 RGB 模式创建颜色。

2）CMYK 模式：CMYK 模式是反光模式，借助外界辅助光源被感知。CMYK 四个字母分别指青（Cyan）、洋红（Magenta）、黄（Yellow）、黑（Black），在印刷中代表四种颜色的油墨，混合后变暗，又被称为减色模式，适用于打印机、印刷机等。

3）HSB 模式：采用颜色三要素色相（Hues）、饱和度（Saturation）、亮度（Brightness）来表示颜色，和 RGB 类似，也采用量化的形式，饱和度和亮度以百分比值（0%～100%）表示，色度以角度（0°～360°）表示。HSB 模式为将自然颜色转换为计算机创建的色彩提供了一种直接的方法，比较符合人的视觉感受。它可由如图 10-4 所示的立体模型来表示，其中轴向表示亮度，自下而上由黑变白；径向表示饱和度，自内向外逐渐增加；圆周方向表示色调的变化，形成色环。

图 10-4　HSB 模式

10.3　AE 软件常用颜色效果

在 AE 软件中，颜色校正和颜色调整的相关效果在"效果"菜单的"颜色校正"效果组中，如图 10-5 所示。

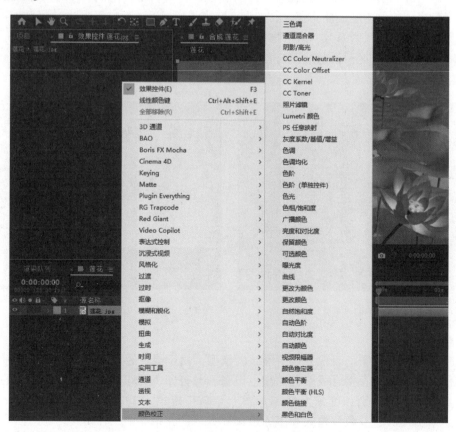

图 10-5　"颜色校正"效果组

1. Lumetri 颜色和 Lumetri 范围

在时间轴面板中选择需要进行颜色调整的图层，在"效果"菜单中，选择"颜色校正"效果组中的"Lumetri 颜色"效果，可为图层添加该效果；或在时间轴面板的图层上单击鼠标右键，在"效果"中选择"颜色校正">"Lumetri 颜色"，可为图层添加该效果；也可以通过"窗口"菜单下"工作区"中的"颜色"模式，打开"Lumetri 颜色"效果和"Lumetri 范围"面板。

"Lumetri 颜色"（Lumetri Color）是特效软件的调色工具，包括基本校正、创意、曲线、色轮、HSL 次要、晕影六种工具，将白平衡调节、曲线命令、饱和度命令等与颜色调节的相关功能集成为一体，具有强大的调色功能。

在 Lumetri 范围面板中，通过矢量示波器 HLS、矢量示波器 YUV、直方图、分量（RGB）、波形（RGB）等直观的参数显示，可以更准确地观察颜色的变化，进而对颜色进行调整和校正，防止参数超标，如图 10-6 所示。

图 10-6　Lumetri 颜色和 Lumetri 范围

（1）Lumetri 颜色

1）基本校正。

LUT 是专业调色预设，能够快速改变画面的色调，让画面看起来更像电影胶片色彩。AE 软件中自带多种 LUT 预设，也可以通过安装或导入的形式增加 LUT 预设的种类，如图 10-7 所示。

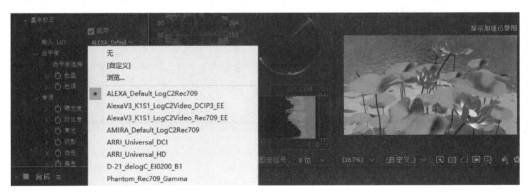

图 10-7　输入 LUT

白平衡是前期拍摄素材中红、绿、蓝三基色混合后生成白色精确度的一项指标。在"白平衡"设置中，通过白平衡选择器的吸管工具吸取画面中原本应为白色的部分，校正色偏，也可以通过"色温"和"色彩"参数设置进一步调整画面的颜色，如图 10-8 所示。

色调指画面颜色的总体倾向。在"色调"中，可以对画面进行曝光度、对比度的调整，通过调节高光、阴影或增加、减少白色和黑色来调节画面的色彩，如图 10-9 所示。

图 10-8　白平衡选择器

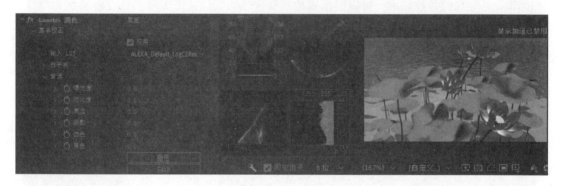

图 10-9　色调

"饱和度"用于调节整体画面颜色的鲜艳程度，调节时注意 Lumetri 范围面板中相关示波器的参数不要超标，如图 10-10 所示。

图 10-10　饱和度

2）创意。

Look 中存有大量预设，可通过鼠标滚轮快速浏览效果。通过设置"强度"参数大小，可调整预设效果对画面的影响程度，如图 10-11 所示。

在"调整"中对画面进行淡化和锐化处理，也可以通过自然饱和度、饱和度和色彩平衡的调节对画面进行颜色处理，通过"分离色调"中的"阴影淡色"和"高光色调"重新定义画面的色调，如图 10-12 所示。

3）曲线。

"曲线"包括 RGB 和"色相饱和度曲线"两种参数设置方法。

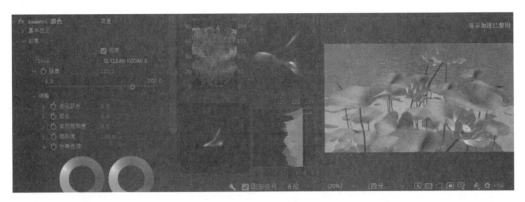

图 10-11　Look 预设

图 10-12　调整

RGB 通过白色曲线对画面整体亮度进行调节，也可以通过红、绿、蓝三个通道的曲线分别对不同的通道进行亮度调节，如图 10-13 所示。

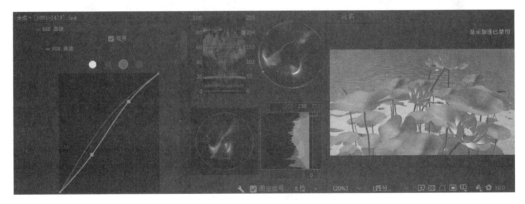

图 10-13　曲线

"色相饱和度曲线"包括"色相与饱和度""色相与色相""色相与亮度""亮度与饱和度""饱和度与饱和度"五种调节形式。

以"色相与饱和度"为例，该方式在图像中选择一种颜色并对其进行饱和度调节。可以通过"色相（与饱和度）选择"右侧的吸管工具在合成画面中吸取需要调整饱和度的颜色，或单击"色相与饱和度"选择器按钮，在拾色器中确定需要调节饱和度的颜色。此时在色相线上产生三个调节点，使用鼠标移动调节点时，出现饱和度从上到下逐渐降低的竖条。将中间点向上移动，可增大饱和度，向下移动可降低饱和度。调节左右两侧的调节点可以扩大或减小参与调节的颜色容差范围。按住〈Ctrl〉键的同时，光标变为减点工具，单击调节点，可将其删除。将光标移至坐标网格中的直线上，光标可变为加点工具，根据需要添加调节点，如图 10-14 所示。

图 10-14 "色相与饱和度"曲线

其他调节方式与"色相与饱和度"的调节方法相似，根据吸管工具或拾色器选取的内容，分别调节选取点处的色相、亮度、饱和度等参数。前三项设置可以吸取合成画面中需要设置的色相值，后面两项可以通过吸管分别吸取合成画面中的亮度值和饱和度进行调节。

"色相与色相"方式调节图像中某种颜色的色相。竖线为不同色相值，如图 10-15 所示。

图 10-15 "色相与色相"曲线

"色相与亮度"方式调节图像中某种颜色的亮度。竖线为从上到下逐渐降低的亮度值，如图 10-16 所示。

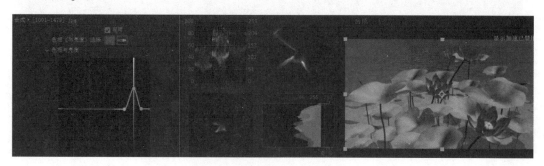

图 10-16 "色相与亮度"曲线

"亮度与饱和度"方式根据选择的亮度范围进行饱和度调整，如图 10-17 所示。

图 10-17　"亮度与饱和度"曲线

"饱和度与饱和度"方式选择图像的饱和度范围后,可调整所选画面的饱和度,如图 10-18 所示。

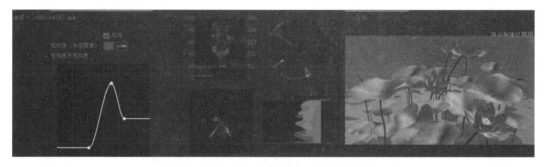

图 10-18　"饱和度与饱和度"曲线

4)色轮。

"色轮"分为阴影、中间调和高光三部分,分别对画面的不同区域进行亮度和色彩调整。左侧滑块控制画面亮度,向上移动滑块增加相应区域的亮度,向下移动滑块降低相应区域的亮度;右侧色轮控制画面色相,通过改变十字星在色轮上的位置来改变阴影、中间调和高光三部分的色相,如图 10-19 所示。

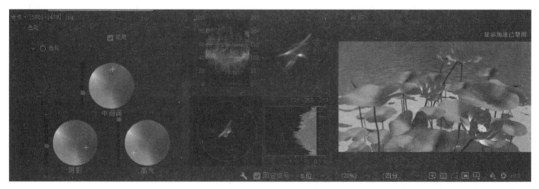

图 10-19　色轮

5)HSL 次要。

HSL 分别指画面的色相、饱和度和亮度。"HSL 次要"工具可以替换画面的某种颜色,首先在"键"中,设置需要改变的原始颜色,然后在"更正"中设置调整后的目标颜色,并通过相关参数配合,实现调色需求。

打开"键",通过"设置颜色"吸管工具吸取画面中需要改变的颜色,根据需要调整为指定的颜色；通过"添加颜色"吸管工具扩大参与变换的颜色范围；通过"移除颜色"吸管工具去除参与变换的颜色，做到精准调色，如图 10-20 所示。

图 10-20　HSL 次要

通过"HSL 滑块"子选项内的红、黄、绿、青、蓝、洋红和白色七个圆点快速确定参与变换的颜色范围，并可以通过移动色相、饱和度和亮度的滑块，对参与变换的颜色范围进行精确控制。勾选"显示蒙版"，可以通过"彩色/灰色""彩色/黑色""白色/黑色"三种方式显示蒙版的选择区域。根据需要可以勾选"反转蒙板"，将蒙版进行反转。单击"重置"按钮，可取消"HSL 滑块"的参数设置，如图 10-21 所示。

图 10-21　HSL 滑块

通过"更正"可对整体和局部（阴影、中间调、高光）进行颜色调节。通过鼠标改变十字星在色环中的位置，可对选定的原始颜色进行色相调整；通过调节色温、色彩、对比度、锐化、饱和度的参数值，可实现目标颜色的精准调整。通过"优化"可对调整后的颜色进行降噪和模糊处理，如图 10-22 所示。

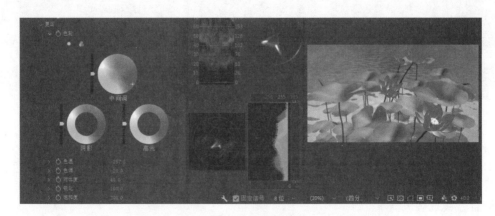

图 10-22　更正

6）晕影。

"晕影"为画面添加突出中间区域画面的虚光照效果。"数量"值为正数时四角变亮，为负数时四角变暗；"中点"值影响晕影的变化范围，数值越大，晕影的变化范围越大；"圆度"值影响晕影的形状，从 0 至 100 由椭圆逐渐变为正圆，从 0 至 -100 由椭圆变为圆角矩形直至矩形；"羽化"值控制晕影边界的清晰度，数值较小边界较清晰，数值较大边界较柔和。效果如图 10-23 所示。

图 10-23　晕影

（2）Lumetri 范围

进行颜色调整操作时，通常需要定期对视频监视器或计算机显示器进行颜色校正，使用第三方软件和测量设备创建显示器的配置文件；也可以通过 AE 软件中的"窗口"菜单激活 Lumetri 范围面板中的示波器来监测画面的颜色信息，如图 10-24 所示。

图 10-24　激活 Lumetri 范围面板中示波器

1）矢量示波器 HLS。

在 Lumetri 范围面板中只勾选"矢量示波器 HLS"，可单独显示矢量示波器 HLS 图形。该图形通过圆圈内的白色区域显示画面的色相、饱和度和亮度等信息，白色区域与色轮中的颜色分布一致，白色区域越接近边界，饱和度和亮度的数值越高。通常白色区域不能超出圆形边界，如图 10-25 所示。

2）矢量示波器 YUV。

在 Lumetri 范围面板中使用鼠标右键单击，选择"矢量示波器 YUV"，可单独显示矢量示波器 YUV 图形，用来显示画面的色度信息，查看色相和饱和度级别是否正确。圆形上方顺时针依次为 R（红色）、Mg（洋红色）、B（蓝色）、Gy（青色）、G（绿色）、Yl（黄色）。标准彩条颜色都应落在内圈小"□"字中心连线的区域内，如果饱和度向外超出外圈大"□"字中心连线的区域，就表示饱和度超标，必须进行调整，如图 10-26 所示。

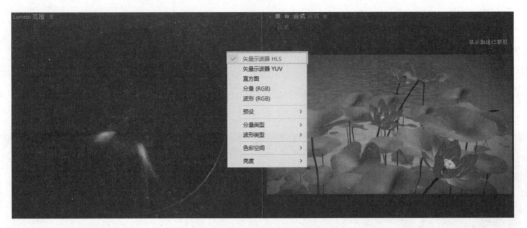

图 10-25　矢量示波器 HLS

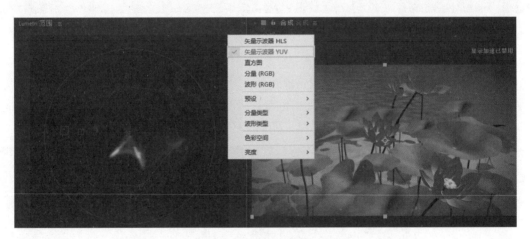

图 10-26　矢量示波器 YUV

3）直方图。

直方图通过波形显示画面阴影、中间调和高光等不同区域的亮度分布信息，可以依据直方图重新调整画面的亮度分布，如图 10-27 所示。

图 10-27　直方图

4）分量（RGB）。

"分量（RGB）"用于显示红、绿、蓝三个通道所含信号的强度，0 到 100 表示从暗调到亮调的渐变，50 为中间调，通过"曲线"可以分别调整红、绿、蓝三个通道的色彩强度。数值偏高的颜色分量通常是导致画面偏色的原因，可适当降低其强度，从而改变画面的色调，纠正偏色，如图 10-28 所示。

图 10-28　分量（RGB）

5）波形（RGB）。

"波形（RGB）"用于显示画面亮度和色度的分布，通过合成信号来反映所有颜色通道的信号强度，如图 10-29 所示。

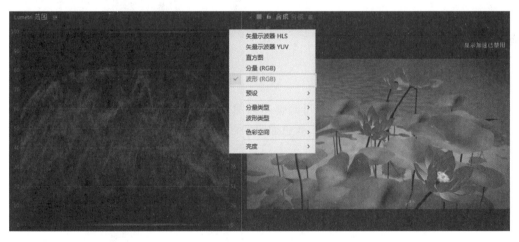

图 10-29　波形（RGB）

2. CC Color Offset（CC 颜色补偿）

CC 颜色补偿效果可以对红、绿、蓝三种颜色进行补偿，使画面中的红、绿、蓝三种颜色趋于平衡，对画面偏色进行校正，如图 10-30 所示。

3. 照片滤镜

"照片滤镜"模仿相机镜头所使用的彩色滤镜，在效果控件面板中调整滤镜的种类、颜色、密度等参数，可以选择颜色预设将色相调整直接应用到素材，也可以使用拾色器或吸管指定颜色。通过为素材添加照片滤镜，能够调整画面的色调或进行偏色校正，如图 10-31 所示。

图 10-30　CC Color Offset

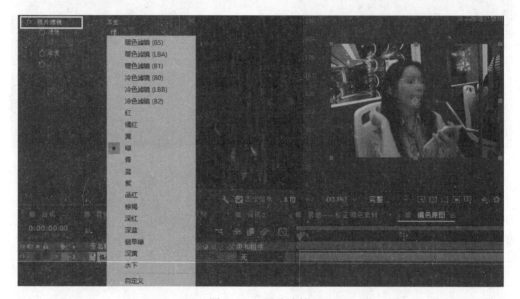

图 10-31　照片滤镜

4. 通道混合器

使用"通道混合器"效果，可以通过调整当前图像中的颜色通道混合比例来改变颜色通道。参数形式为"［输出颜色通道］-［输入颜色通道］百分比"，表示添加到输出通道的输入通道值的百分比。例如，绿色 - 绿色 115，即将每个像素输出绿色通道的值增加该像素绿色通道值的 115%；蓝色-绿色为-26，即将每个像素输出蓝色通道的值减小该像素绿色通道值的-26%，如图 10-32 所示。

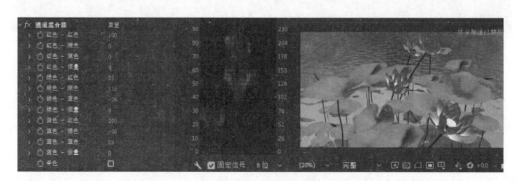

图 10-32　通道混合器

5. 色阶

"色阶"将素材中各个通道的输入颜色级别范围重新映射到新的输出颜色级别范围，通过调整图像阴影、中间调和高光的强度级别，来改变画面亮度和对比度，如图 10-33 所示。

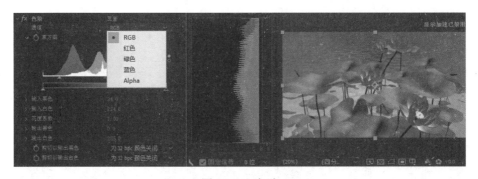

图 10-33　色阶

6. 色相/饱和度

通过"通道控制"的不同选项，可对画面的整体色彩或不同颜色通道进行色相、饱和度和亮度调整，使画面符合调色需求，如图 10-34 所示。

图 10-34　色相/饱和度

7. 保留颜色

通过吸管工具或拾色器选择要保留的颜色，通过调节脱色量参数，降低画面中除保留颜色外的其他所有颜色的饱和度。"容差"可控制保留颜色的匹配范围，"边缘柔和度"可使颜色边界过渡更加平滑，如图 10-35 所示。

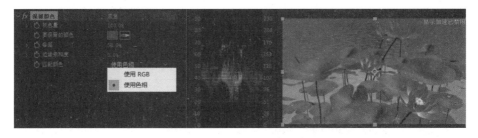

图 10-35　保留颜色

8. 曲线

通过"曲线"可对画面的亮度进行调整。主曲线为一条直的白色对角线。线条的右上角代表高光区域，左下角代表阴影区域。调整主曲线将影响画面的整体亮度；可以分别选择红色、绿色或蓝色通道，针对性地调整相应通道的色调值。在曲线上单击鼠标可添加控制点；可通过向上或向下拖动控制点，使色调区域变亮或变暗；向左或向右拖动控制点可增加或减小对比度；使用鼠标将控制点直接拖拽出坐标网格可删除控制点，如图 10-36 所示。

图 10-36　曲线

9. 更改为颜色

通过"更改为颜色"可将在图像中"自"选择的颜色更改为"至"设置的颜色。通过"更改"可选择"色相""色相和亮度""色相和饱和度""色相、亮度和饱和度"这些属性，而不影响画面中的其他颜色。"容差"指与所选颜色的近似程度，包括色相、亮度和饱和度值。通过"查看校正遮罩"可显示灰度遮罩，白色区域更改得最多，暗区更改得较少，如图 10-37 所示。

图 10-37　更改为颜色

10. 颜色平衡

"颜色平衡"可调整图像阴影、中间调和高光中的红色、绿色和蓝色数量。保持图像的色调平衡。"保持发光度"用于在更改颜色时保持图像的平均亮度，如图 10-38 所示。

图 10-38　颜色平衡

软件中颜色校正和调整的命令还有很多，可根据素材特点和项目制作需要选择适当的效果种类。

【方法引导】

在本项目中，分别使用"Lumetri 颜色"中的"色相饱和度曲线"和"HSL 次要"两种方法，将"荷花"素材中的洋红色荷花调整为蓝色，同时使用 Lumetri 范围面板监控颜色变化的合理范围。通过项目制作，熟练掌握亮度、饱和度的调整方法，能够根据制作需要进行颜色校正和调整。

【项目实施】

项目效果　制作过程

任务 10.4　导入序列素材并新建合成

1）双击项目面板的空白处，在"导入文件"对话框中，双击打开"莲花"素材文件夹，选择第 1 幅图片，勾选"ImporterJPEG 序列"选项，单击"导入"按钮，将素材以序列的形式导入到项目面板中，如图 10-39 所示。

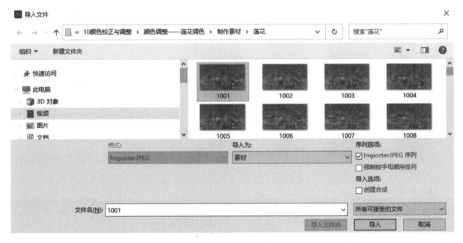

图 10-39　导入序列素材

2）在项目面板中选中刚刚导入的序列素材，改名为"莲花"，将其拖放到项目面板下方的"新建合成"按钮，以其为大小新建合成，如图 10-40 所示。

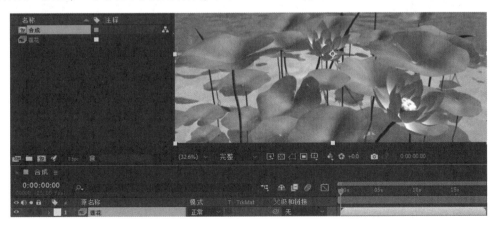

图 10-40　新建合成

3）按〈Ctrl+K〉键打开"合成设置"对话框，将"合成名称"修改为"蓝莲花"，"持续时间"设置为 10 秒钟，如图 10-41 所示。

4）在"窗口"菜单中勾选"Lumetri 范围"，打开 Lumetri 范围面板，如图 10-42 所示。在面板上单击鼠标右键，在弹出的菜单中选择"分量（RGB）"。

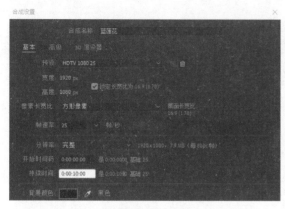

图 10-41　合成设置

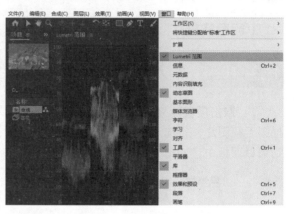

图 10-42　打开 Lumetri 范围面板

任务 10.5　调整画面的亮度和饱和度

1）为"莲花"素材添加"效果">"颜色校正">"Lumetri 颜色"，如图 10-43 所示。

图 10-43　添加"Lumetri 颜色"

2）打开"曲线"中的"RGB 曲线"，通过白色曲线对画面进行整体亮度调节，将白色曲线向左上方提升，可增加画面的亮度，如图 10-44 所示。

3）对红、绿、蓝三个通道的曲线分别进行调节。适当增加红色通道的亮度值，使花朵更加鲜艳；将绿色通道的曲线调成 S 形，适当增加画面中绿色的对比度；蓝色通道不做调整，如图 10-45 所示。

图 10-44　整体亮度调节

图 10-45　通道亮度调节

任务 10.6　使用"色相饱和度曲线"进行调色

1）将 Lumetri 范围面板改为"矢量示波器 YUV"模式。首先调节"色相与饱和度"属性。使用色相选择吸管吸取荷花的花瓣，此时在色相线上产生三个点。使用鼠标将中间点向上移动，可增加花朵的饱和度，向下移动可降低花朵的饱和度。此处适当增加花朵的饱和度，使花朵更加鲜艳，如图 10-46 所示。

2）使用鼠标在色相直线的绿色区域单击三个点，选择中间点向上移动，适当增加荷叶的饱和度，如图 10-47 所示。

3）调节"色相与色相"属性。使用色相选择器的吸管，在合成画面的莲花上选取红色，使用鼠标将中间点上下移动，会发现垂直方向出现色相直线，将中间的调节点向上移动至蓝色区域，同时左右小范围移动调节点，观察合成画面花朵的颜色，选择最佳位置，将荷花调为蓝色，如图 10-48 所示。

图 10-46   调节"色相与饱和度"属性

图 10-47   调节荷叶饱和度

图 10-48   调节"色相与色相"属性

4）调节"色相与亮度"属性。使用色相选择器的吸管工具吸取荷叶的绿色，将中间点适当向下调整，使荷叶变暗一些，增加画面的层次感，如图 10-49 所示。

图 10-49   调节"色相与亮度"属性

5）最后调节"饱和度与饱和度"属性。左侧区域饱和度较低，右侧区域饱和度较高，通过曲线调整，使画面的色彩更加柔和，饱和度达到平衡，如图 10-50 所示。

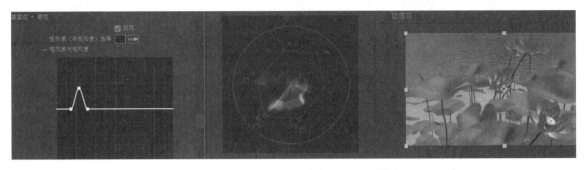

图 10-50　调节"饱和度与饱和度"属性

任务 10.7　使用"HSL 次要"进行调色

1）单击"Lumetri 颜色"右侧的"重置"按钮，使颜色还原。展开"HSL 次要"属性，包括键、优化、更正三个属性，如图 10-51 所示。

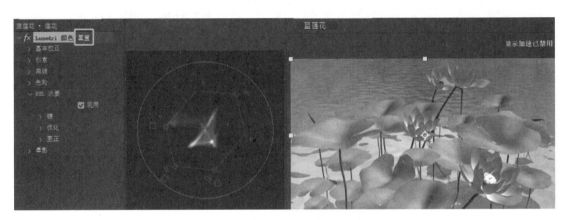

图 10-51　使用"HSL 次要"调色

2）展开"键"属性，通过"设置颜色"吸管工具吸取画面中莲花的洋红色，展开"HSL 滑块"可以看到三个属性的选取范围，如图 10-52 所示。

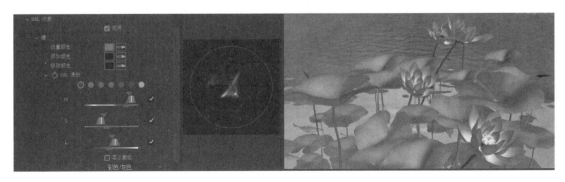

图 10-52　设置颜色

3）勾选"显示蒙版"，可以在合成面板中看到已经选中的颜色区域，如图 10-53 所示。

图 10-53　显示蒙版

4）使用鼠标调节 H（色相）、S（饱和度）和 L（亮度）上下滑块的位置，适当扩大选区范围，使参与颜色变化的莲花花瓣都能显示出来，如图 10-54 所示。

图 10-54　调节 H、S 和 L 滑块位置

5）也可以通过"HSL 滑块"子选项内的红、黄、绿、青、蓝、洋红和白色七个预设颜色圆点快速确定参与变换的颜色范围，白色圆点表示所有颜色都不能被改变，但可以通过亮度滑块控制参与变化的颜色范围。本项目选择洋红色圆点，快速确定变色范围，如图 10-55 所示。

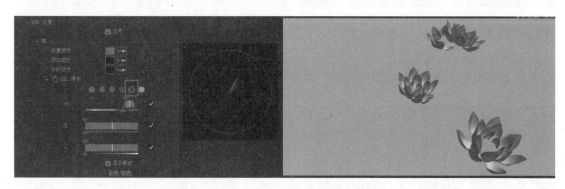

图 10-55　使用预设颜色设置颜色范围

6）蒙版的显示方式除"彩色/灰色"外，还有"彩色/黑色"和"白色/黑色"。通过切换可仔细观察参与变化的颜色选取范围，便于精细调整。通过"优化"对画面进行降噪和模糊处理，如图 10-56 所示。

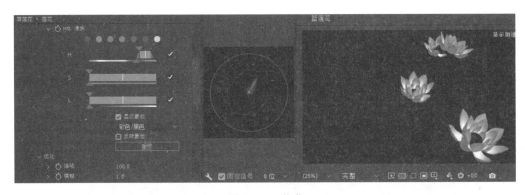

图 10-56　优化

7）展开"更正"属性，选择右侧三分区按钮，分别将"中间调""阴影""高光"色轮中的十字星移至蓝色区域；调节"色温"至–250，"色调"为–20，"对比度"为40，"锐化"为50，"饱和度"为200，可以看到花朵已经变为蓝色，如图 10-57 所示。

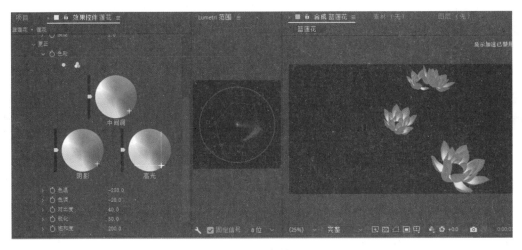

图 10-57　参数调节

8）取消勾选"显示蒙版"，按空格键预览短片，可通过"添加颜色"和"移除颜色"增加或减少参与变化的颜色范围，如图 10-58 所示。

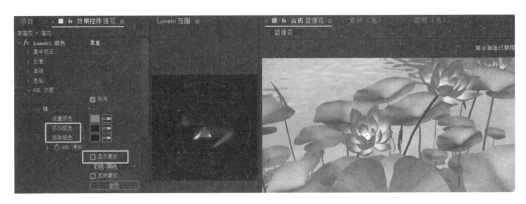

图 10-58　预览短片

任务 10.8　添加虚光照效果

1）展开"晕影"属性，设置"数量"为–5，"中点"为30，"圆度"为0，"羽化"为60，为画面添加虚光照效果，使画面中间的内容更加突出，如图10-59所示。

图 10-59　添加虚光照效果

2）双击项目面板的空白处，导入"背景音乐"素材，将其拖放至时间轴面板，为短片添加背景音乐，按空格键进行预览，满意后按〈Ctrl+S〉键进行保存，按〈Ctrl+M〉键渲染输出成片，如图10-60所示。

图 10-60　添加背景音乐

【项目小结】

本项目重点讲解 AE 软件对画面进行颜色校正与调整的相关知识和具体方法，包括对原始素材的亮度调整；对原素材进行颜色校正；或增强某种颜色的饱和度，以使其更加突出等；或根据创作者的意图改变色相，使其更加符合影片内容的表达。

"Lumetri 颜色"效果集成了多种常用命令，参数较多，功能强大，是使用频率较高的调色效果。"颜色校正"效果组中的效果命令也有很多，使用简单，校色、调色的针对性较强，如能合理选用，也能起到事半功倍的校色和调色效果。

Lumetri 范围面板通过 AE 软件内置的多种示波器，以图形方式界定颜色参数的正常范围，在调色过程中，应随时对颜色相关参数进行监控，保证参数变化在规定的范围内，确保一个场景或多个场景中的颜色和光线协调统一。

影片调色是技术和艺术的综合体现，平时观看影视剧时，请注意观察影片的色彩呈现，逐步提高自己的调色技术和审美水平。

【技能拓展：对拍摄的素材进行色彩调整】

制作要求如下。

1）拍摄几张风光照片，查看素材是否存在偏色、亮度等问题。

2）使用调色命令对素材进行色彩校正和亮度调节。

3）对素材中的主体进行色彩调整，改变其色相。

4）适当调节素材的饱和度，使素材颜色更加鲜艳。

【课后习题】

一、多选题

1. 色彩三要素包括(　　)。

A. 色温　　　　　　　　B. 色相　　　　　　　　C. 饱和度　　　　　　　　D. 明度

2. 下列 AE 软件效果中能够改变画面颜色的命令有(　　)。

A. Lumetri 颜色　　　　B. 颜色平衡　　　　　　C. 通道混合器　　　　　　D. 色相/饱和度

3. "Lumetri 颜色"效果提供了专业的颜色分级和校正工具,可以调整图像的(　　)参数。

A. 对比度　　　　　　　B. 颜色　　　　　　　　C. 饱和度　　　　　　　　D. 曲线

4. 下列命令中能够改变画面亮度的命令有(　　)。

A. 亮度/对比度　　　　B. 亮度键　　　　　　　C. 色阶　　　　　　　　　D. 曲线

5. "Lumetri 颜色"是 AE 软件重要的调色工具,具体包含的命令有(　　)。

A. 基本校正　　　　　　B. 创意　　　　　　　　C. 曲线　　　　　　　　　D. 色轮

E. HSL 次要　　　　　　F. 晕影

二、判断题

1. 直方图通过波形显示画面阴影、中间调和高光等不同的亮度分布信息,可以依据直方图重新调整画面的亮度分布。　　　　　　　　　　　　　　　　　　　　　　　　　　　　　　　　　　　(　　)

2. 一段视频画面偏蓝色,有可能是在拍摄时摄像机的白平衡没有调节好。　　　(　　)

3. 色彩校正用来校正白平衡和曝光中的错误,确保不同画面之间的色彩具有一致性。　(　　)

4. 白平衡指前期拍摄的素材中红、绿、蓝三基色混合后黑色精确度的一项指标。　(　　)

5. 晕影为画面添加突出中间画面内容的虚光照效果。"数量"值为正数时四角变暗,为负数时四角变亮。　　　　　　　　　　　　　　　　　　　　　　　　　　　　　　　　　　　　(　　)

三、简答题

1. 简述颜色校正与调整技术。

2. 简述 RGB 颜色模式的特点。

3. 简述 CMYK 颜色模式的特点。

项目 11　绘画工具——手写字

【学习导航】

知识目标	1. 掌握画笔工具的使用方法。 2. 掌握仿制图章工具的使用方法。 3. 掌握橡皮擦工具的使用方法。
能力目标	1. 能够使用画笔工具对文字或图案进行描绘，制作手写字或绘画动画效果。 2. 能够使用仿制图章工具复制或移除视频素材中的物体。 3. 能够使用橡皮擦工具制作动画效果。
素质目标	1. 具有较好的艺术修养和绘画基础。 2. 具有精益求精的工作态度。 3. 具有较强的创新创意能力。
课前预习	1. 复习 Photoshop 图像处理软件中画笔工具、仿制图章工具和橡皮擦等绘画工具的使用方法。 2. 练习简笔画。

【项目概述】

　　在 AE 软件中，绘画工具包括画笔工具、仿制图章工具和橡皮擦工具，其功能和使用方法与 Photoshop 图像处理软件中的绘画工具非常相似。

　　本项目使用画笔工具制作手写字效果，使用仿制图章工具对原素材中的飞鸟进行复制。在项目制作之前，需要学习 AE 软件中绘画工具的使用方法，这些工具只能在图层面板中使用，可以修改图层区域的颜色或透明度，与视频素材本身的特点相结合，可以制作出丰富多彩的动画效果。

【知识点与技能点】

11.1　绘画工具类型

微课视频

　　AE 软件的绘画工具包括画笔工具、仿制图章工具和橡皮擦工具，在图层面板中使用绘画工具将"绘画"效果应用于图层。在时间轴面板中所选图层上按快捷键〈PP〉，将显示图层所有绘画效果。当图层的绘画数量较多时，可以选定需要进行参数设置的绘画工具名称，按快捷键〈SS〉，将其单独显示。

11.2　绘画工具属性

　　每个"绘画"效果都有各自的持续时间条，属性包括"路径""描边选项""变换"，可以在时间轴面板中查看和修改这些属性。默认情况下，每个"绘画"均根据创建工具进行命名，并包含表示其绘制顺序的数字编号。可以像处理时间轴面板中的图层一样，对"绘画"效果进行重命名，或使用鼠标将其拖拽至堆积顺序中的新位置。可以选择绘画工具左侧的视频开关，将其隐藏。除橡皮擦工具外，画笔工具和仿制图章工具都可以设置混合模式，如图 11-1 所示。

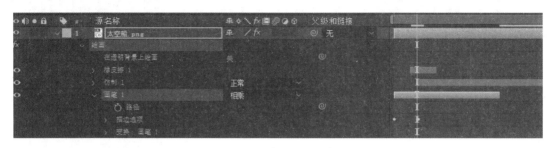

图 11-1　绘画工具属性

在工具栏中选择任何一种绘画工具，会同时激活绘画面板和画笔面板。无论哪一种绘画工具，在使用前都需要根据需要在绘画面板和画笔面板中对相关参数进行设置。参数作用和设置方法与 Photoshop 软件基本一致。

1. 绘画面板

在工具栏中选择任意一种绘画工具，则绘画面板被激活。

- 颜色设置：前左上方色块为设置前景颜色，后右下方色块为设置背景颜色，右上角箭头表示切换前景颜色和背景颜色（快捷键〈X〉），左下方的黑白色块为重置黑色前景和白色背景颜色（快捷键〈D〉）。

- 不透明度：对于画笔工具和仿制图章工具，不透明度为 100% 时，表示使用前景颜色或所选区域的像素色彩进行绘制；较低的不透明度数值使图像呈现半透明状态。对于橡皮擦工具，指擦除图像像素的色彩比例。

- 流量：对于画笔工具和仿制图章工具，指画笔涂上颜色的浓淡程度。百分比越大，笔墨越浓；百分比越小，笔墨越淡。对于橡皮擦工具，指擦除颜料和图层颜色的浓淡程度。

- 模式：底层图像的像素与画笔工具或仿制图章工具所绘制像素的混合模式，与时间轴面板中该绘画工具的混合模式设置一致。

- 通道：画笔工具和仿制图章工具影响的图层通道。在选择 Alpha 时，仅影响不透明度，因此色板是灰度模式。使用纯黑色绘制 Alpha 通道与使用橡皮擦工具的结果相同。

- 时长：绘画效果的持续时间。"固定"选项将"绘画"效果从当前帧应用到图层持续时间结束；"写入"选项从当前开始帧动态显示"绘画"效果的绘制过程，动态绘制过程结束后，完成效果从当前帧应用到图层持续时间结束；"单帧"选项仅将"绘画"效果应用于当前帧；"自定义"将"绘画"效果应用于从当前帧开始的指定帧数，如图 11-2 所示。

图 11-2　绘画面板

2. 画笔面板

在工具栏中选择任意一种绘画工具后，画笔面板被激活，如图 11-3 所示。

- 直径：控制画笔笔尖的大小。可将光标置于数值上，单击鼠标左键左右拖拽，或单击后输入数值，均可改变直径大小；在图层面板中按住〈Ctrl〉键的同时单击左键来回拖拽，可调整直径大小；释放〈Ctrl〉键并继续拖动可调整画笔硬度。

- 角度：椭圆画笔的长轴在水平方向旋转的角度。画笔角度可以用正值或负值表示。具有

45°角的画笔与具有−135°角的画笔效果相同。

- 圆度：画笔长轴和短轴之间的比例。100% 表示圆形笔尖，0% 表示线性笔尖，介于两者之间的值表示椭圆笔尖。
- 硬度：控制画笔笔尖的羽化程度。设置画笔笔尖从中心 100%不透明到边缘 0%全透明的过渡。
- 间距：控制画笔笔尖、笔迹之间的距离。该距离以画笔直径的百分比量度，如果取消选择此选项，间距将由拖动鼠标创建绘画的速度确定，鼠标运动速度越快，间距越大。
- 画笔动态：确定压力敏感型数位板的功能如何控制并影响画笔笔迹。对于每个画笔，可以对"大小"选择"笔头压力"、"笔倾斜"或"笔尖转动"；"最小大小"控制画笔笔尖的最小大小；"角度"、"圆度"、"不透明度"以及"流量"，与"大小"选项相同，通过数位板来控制画笔笔迹。

图 11-3　画笔面板

3. 画笔工具

按快捷键〈Ctrl+B〉，或在工具栏中选择画笔工具，在绘画面板和画笔面板中，根据需要对相应参数进行调节和设置，拖拽鼠标即可在当前图层面板上进行绘画。每次释放鼠标按钮时，即停止绘画；再次拖动时，将创建新的画笔笔迹和画笔编号；按住〈Shift〉键拖动将继续绘制之前的画笔笔迹，画笔编号不变。

绘画操作完成之后，如果对相关参数进行修改，需要在时间轴面板中打开图层"效果" > "绘画">"画笔"属性，在"描边选项"中进行颜色、直径等相关参数的修改，如图 11-4 所示。为属性添加关键帧，可制作关键帧动画效果。

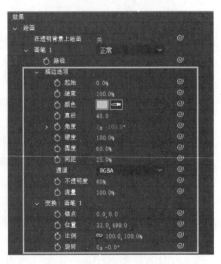

图 11-4　画笔工具

4. 仿制图章工具

反复按快捷键〈Ctrl+B〉，可在画笔、仿制图章和橡皮擦工具之间进行切换；也可以直接在工具栏中选择仿制图章工具。仿制图章工具只能在图层面板中使用。

按住〈Alt〉键的同时，使用仿制图章工具可以对某一位置和时间的画面像素进行采样，并将采样像素应用到本图层或其他图层的另一个位置和时间，同样道理也可以使用仿制图章工具删除画面中的对象。

与画笔工具相同，如果操作完成之后，需要对相关参数进行修改，则在时间轴面板中打开图层"效果"中的"绘画"属性，展开相应的"仿制"属性，在"描边选项"中进行相关参数的修改。为属性添加关键帧，可制作关键帧动画效果。

仿制图章参数设置好后，可使用"预设"进行存储，并在其他项目中重复使用。在选中一个"预设"的前提下，按住〈Alt〉键的同时，单击另外一个"预设"，可将前一个"预设"进行复制粘贴。使用"预设"前必须先选择仿制图章工具。

选择"已对齐"，再次绘制时采样点偏离原来采样点的位置，但与绘制位置保持相对稳定；

不勾选"已对齐",再次绘制时新的采样点保持原采样点位置不变。

选择"锁定源时间"可按合成时间的源时间仿制单个源帧;取消选择"锁定源时间"可仿制后续帧,并在源帧和目标帧之间设置时间偏移,如果当前采样点超出源图层持续时间的末尾,则仿制源时间会自动循环到起始采样点,如图 11-5 所示。

图 11-5　仿制图章工具

5. 橡皮擦工具

反复按快捷键〈Ctrl+B〉,可在画笔、仿制图章和橡皮擦工具之间进行切换;也可以直接在工具栏中选择橡皮擦工具。橡皮擦工具只能在图层面板中使用。在绘画面板和画笔面板中,根据需要对相应参数进行调节和设置。

在绘画面板中,橡皮擦工具的"抹除"包括三个模式,分别为图层源和绘画、仅绘画、仅最后描边。选择"图层源和绘画"模式,可使用橡皮擦工具在图层面板中抹除对应时间和位置的像素;选择"仅绘画"模式,可恢复抹除的像素值。这两个属性都可以在时间轴面板的图层下方创建橡皮擦描边属性;在"仅最后描边"模式中,使用橡皮擦工具只影响绘制的最后一个绘画描边,而不会创建橡皮擦描边,如图 11-6 所示。

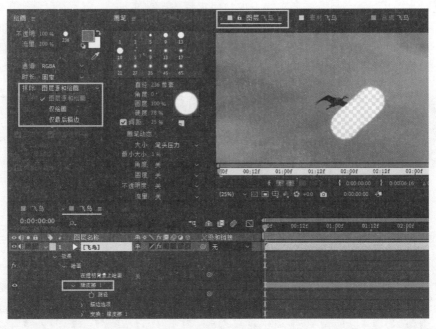

图 11-6　橡皮擦工具

【方法引导】

　　手写字效果是文字特效常用的形式，在电影电视剧的片名字幕中经常看到手写字效果的应用。本项目选择画笔工具，在绘画面板和画笔面板中对相关参数进行设置，按照文字的书写顺序对现有文字进行描绘，将描绘出的笔画以亮度遮罩的形式应用于原始文字，产生手写字的书写效果。

【项目实施】

任务 11.3　导入素材并调整大小和位置

项目效果　　制作过程

　　1）首先在项目面板中分别导入"画框"文件和"腾飞"文件。在导入"腾飞.psd"文件时，"导入种类"选择"合成"，"图层选项"选择"可编辑的图层样式"，如图 11-7 所示。

　　2）双击"腾飞"合成，将其在合成面板中打开。按〈Ctrl+K〉键，打开"合成设置"对话框，将"合成名称"修改为"手写字"，"预设"修改为"HD·1920×1080·25fps"，"持续时间"设置为 20 秒钟，"背景颜色"修改为淡蓝色，单击"确定"按钮，如图 11-8 所示。

图 11-7　导入"腾飞"文件

　　3）将"画框"素材拖至时间轴面板最下方，按〈S〉键打开缩放属性，将参数设置为120%，按〈Shift+P〉键打开位置属性，将 y 轴参数设置为 550，同时选定时间、印章和腾飞三个图层，按〈S〉键打开缩放属性，将参数设置为 80%，使用"选取工具"将文字部分拖放至画框内适当位置，如图 11-9 所示。

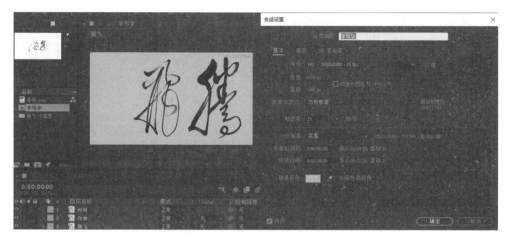

图 11-8 "合成设置"对话框

图 11-9 设置文字大小和位置

任务 11.4 使用画笔工具描绘文字

1）在"腾飞"文字图层上双击，打开其图层面板。按〈Ctrl+B〉快捷键或在工具栏中选择"画笔工具"，系统会同时打开"绘画"和"画笔"两个面板。在画笔面板中选择合适的笔刷大小，调节下方的直径参数，使画笔的粗细能够均匀覆盖文字，如图 11-10 所示。

注意：使用画笔工具等绘画工具时，所有操作均应在图层面板中完成。

图 11-10　设置笔刷大小

2）在绘画面板中设置"前景颜色"为白色，将"模式"设置为"正常"，"通道"设置为"RGBA"。"时长"设置为"写入"，如图 11-11 所示。

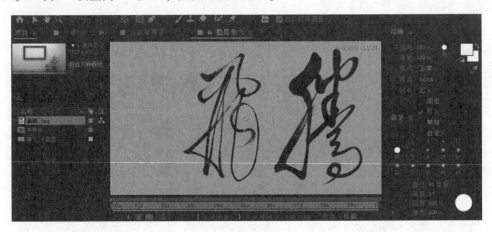

图 11-11　在绘画面板中设置参数

注意：此处画笔颜色必须设置为白色，因为画笔书写出的白色文字将作为亮度遮罩使用，而白色的亮度最高，如果设置为其他颜色，后续使用亮度遮罩时，将影响书写文字的清晰度。

3）将时间指示器移至 0 秒处，将画笔移至图层面板的上方，按照文字的书写顺序对"腾"字进行描绘。写完第一笔之后可以发现，在图层下方出现了"效果"菜单，展开属性可以看到里面有"绘画"属性，目前已经书写了第一笔"画笔 1"，如图 11-12 所示。

图 11-12　描绘文字

4）展开"画笔 1"的"描边选项"属性，将"结束"属性的右侧关键帧移至 2 秒处，即第 1 笔在

2 秒时书写结束。同时将时间指示器移至 2 秒处，为第 2 笔书写的起始时间做好准备，如图 11-13 所示。

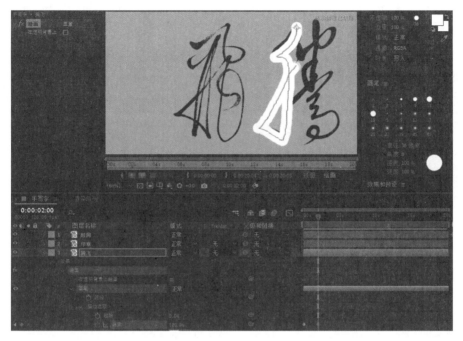

图 11-13　调整书写结束时间

5）适当调小画笔直径，确认当前没有选择"画笔 1"属性，使用画笔在图层面板上继续书写文字。书写完成之后可以看到出现"画笔 2"，移动时间轴指针可以看到第 2 笔的书写过程，如图 11-14 所示。

图 11-14　继续描绘文字

6）由于画笔书写较慢，为了加快书写速度，将"画笔2"＞"描边选项"＞"结束"属性右侧的关键帧移至10秒处，使"腾"字在10秒内完成全部书写过程。然后将时间指示器移至10秒处，为书写"飞"字做好准备，如图11-15所示。

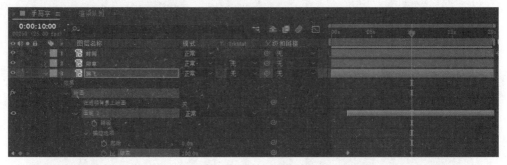

图11-15　调整"腾"字书写结束时间

注意：若是对书写效果不满意，可以按〈Ctrl+Z〉撤回操作；若是对之前的操作不满意，可选择该笔画所在的"画笔n"，将时间指示器移至其开始关键帧处，重新绘制，则原效果会被新的书写效果所覆盖。

7）将画笔"直径"调节为18，绘制"飞"字的上半部分，生成"画笔3"属性。将"描边选项"右侧关键帧移至12秒处，使其在12秒内完成书写，如图11-16所示。

图11-16　描绘"飞"字上半部分

8）为了留出充裕的描绘时间，将时间指示器移至0秒处，使用画笔绘制"飞"字的下半部分，将"描边选项"右侧关键帧移至3秒处，使下半部分笔画在3秒内完成书写，如图11-17所示。

图 11-17　描绘 "飞" 字下半部分

9) 将时间指示器定位在 12 秒处, 设置 "画笔 4" 的入点或选择 "画笔 4" > "结束" 属性的两个关键帧, 将起始关键帧对齐到 12 秒处, 与 "飞" 字的上半部分结束时间相衔接。按空格键预览, 可以看到白色画笔书写文字的全部过程, 如图 11-18 所示。

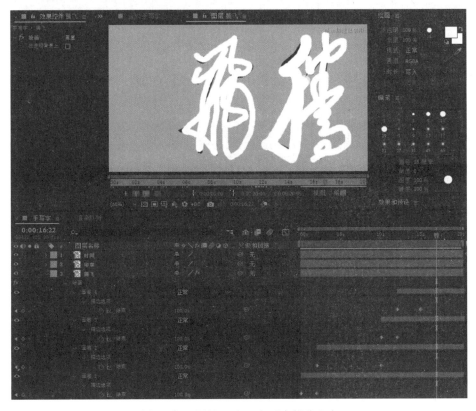

图 11-18　调整 "飞" 字下半部分入点

任务 11.5 **制作文字手写效果**

1）切换到合成面板，选择"腾飞"图层，按〈Ctrl+D〉键复制该图层，命名为"遮罩"。再次选择下面的原"腾飞"图层，英文状态下按〈E〉键打开该图层具有的"绘画"效果，将其删除，还原文字的原始状态，如图 11-19 所示。

图 11-19 为"腾飞"图层制作遮罩

2）选择"遮罩"图层，在效果控件面板中打开"绘画"效果，勾选"在透明背景上"；或在时间轴面板中展开图层"绘画"属性，设置"在透明背景上绘画"为"开"，如图 11-20 所示。

图 11-20 设置"绘画"属性

3）激活时间轴面板左下方的第 2 个按钮"展开或折叠转换控制窗格"，选择"腾飞"文字图层，单击该图层"轨道遮罩"对应的"无蒙版"右侧的下拉按钮，在弹出的菜单中选择"3.遮罩"图层。单击右侧遮罩图标，将遮罩类型切换为"亮度遮罩"，将"遮罩"图层中用白色画笔工具书写的文字，作为亮度遮罩施加在"腾飞"图层的文字上面，即可看到原始文字的书写过程，如图 11-21 所示。

图 11-21　为"腾飞"图层设置轨道遮罩

任务 11.6　制作落款逐渐显示效果

1）将时间指示器移至第 17 秒处，选择"时间"图层。在工具栏中选择"矩形工具"，框选"己亥年春"文字，为文字添加蒙版，如图 11-22 所示。

图 11-22　为文字添加蒙版

2）展开"蒙版1"属性，为"蒙版路径"添加关键帧；将时间指示器移至第15秒处，使用"选取工具"框选蒙版下方的两个调节点，将其上移至文字消失。按空格键进行预览，可以看到文字从上到下逐渐显示的效果，如图11-23所示。

图11-23　制作"时间"图层蒙版动画效果

3）为"印章"图层添加蒙版，使用同样的方法，在17秒至19秒制作作者姓名和印章从上到下逐渐显示的效果，如图11-24所示。

图11-24　制作"印章"图层蒙版动画效果

任务 11.7 添加背景音乐并输出成片

在项目面板的空白处双击，导入"背景音乐"素材，将其拖拽至时间轴面板，为短片添加背景音乐，适当调整书写速度，使书写节奏与背景音乐的节奏相匹配。按空格键进行预览，满意后按〈Ctrl+S〉键进行保存，按〈Ctrl+M〉键渲染输出成片，如图 11-25 所示。

图 11-25 添加背景音乐并输出成片

【项目小结】

本项目系统讲解了 AE 软件中画笔工具、仿制图章工具和橡皮擦工具三种绘画工具的使用方法，三种绘画工具必须在图层面板中使用，且需要结合绘画面板和画笔面板进行工作。

在画笔面板中，可对画笔的直径、角度、圆度、硬度、间距和画笔动态等相关参数进行设置；在绘画面板中，可对绘画的不透明度、流量、模式、通道、时长和预设等相关参数进行设置。请结合在线课程的案例制作，对面板的参数和功能进行详细了解，并掌握绘画工具的详细使用方法。

【技能拓展：画笔工具——黑猫警长】

制作要求如下。

1）使用椭圆工具制作红灯。

2）使用预合成命令合成图层。

3）使用线性颜色键对黑猫警长进行抠图。

4）使用画笔工具绘制黑猫警长身体的轮廓和白色部分，通过"写入"设置，制作绘制过程的动画效果。

【课后习题】

一、单选题

1. 绘画工具的快捷键是(　　)。

A.〈Ctrl+G〉　　　　　　B.〈Ctrl+T〉　　　　　　C.〈Ctrl+B〉　　　　　　D.〈Alt+B〉

2. 能够记录画笔工具绘制过程并动画显示描边时长的模式是（　　）。

A. 固定　　　　　　　　B. 写入　　　　　　　　C. 单帧　　　　　　　　D. 自定义

3. 绘画工具必须在（　　）面板中使用。

A. 合成　　　　　　　　B. 图层　　　　　　　　C. 素材　　　　　　　　D. 时间轴

4. 仿制图章工具采样时需要按下（　　）键。

A. 〈Shift〉　　　　　　B. 〈Ctrl〉　　　　　　C. 〈Shift+Ctrl〉　　　　D. 〈Alt〉

二、多选题

1. AE 软件的绘画工具包括（　　）。

A. 画笔工具　　　　　　B. 仿制图章工具　　　　C. 橡皮擦工具　　　　　D. 钢笔工具

2. 在工具栏中选择任何一种绘画工具，会同时激活（　　）和（　　）面板。

A. 效果和预设　　　　　B. 字符　　　　　　　　C. 绘画　　　　　　　　D. 画笔

3. 橡皮擦工具的"抹除"包括三个模式：（　　）。

A. 绘画　　　　　　　　B. 图层源和绘画　　　　C. 仅绘画　　　　　　　D. 仅最后描边

三、判断题

1. 仿制图章绘画面板中，勾选"已对齐"，再次绘制时新采样点位置保持原采样点位置不变。　（　　）

2. 仿制图章绘画面板中，选择"锁定源时间"可按合成时间的源时间仿制单个源帧。　（　　）

3. AE 软件中的仿制图章功能与 Photoshop 软件相同，只能对静态图片中的物体进行复制粘贴。　（　　）

4. 仿制图章工具可以对某一位置和时间的画面像素进行采样，但是只能将采样像素应用到本图层。（　　）

四、简答题

1. 简述绘画面板中四种"时长"模式的特点。

2. 简述绘画面板中橡皮擦工具"抹除"模式的作用。

项目 12 三维空间——虚拟画展

【项目概述】

在 AE 软件中，时间轴面板中的图层默认为二维图层，变换属性只包含二维参数。打开图层右侧相应的 3D 开关，可以看到在坐标系中增加了 Z 轴，即增加了深度概念，可将图层改为三维图层，就形成了三维空间，变换属性随之改为三维参数。

AE 软件不是三维建模软件，所有的图层在三维空间内都以面片状存在，通过对多个面片在三维空间中的位置、缩放、旋转等属性进行设置，搭建出具有立体感的物体，从而产生空间感。因为每个面片没有厚度，所以 AE 软件的三维实质上是假三维，也称 2.5 维。

本项目将搭建一个 3D 虚拟展厅，在三维空间内陈列绘画作品，为每幅画作添加灯光和投影效果，并通过摄像机的移动对画展进行浏览参观。学习如何在 AE 软件中建立三维空间的概念；利用不同坐标系设置物体的空间属性，通过三维视图了解物体的空间排布；学习灯光系统和摄像机工具的使用方法，通过关键帧设计制作三维空间动画效果。

【知识点与技能点】

微课视频

12.1 二维/三维转换

将图层从二维图层更改为三维图层，需要打开图层右侧对应的 3D 开关，或选择图层并选择"图层"菜单中的"3D 图层"，可将图层转换为 3D 图层。此时在图层变换属性中，锚点、位置、缩放、方向和旋转都增加了 Z 轴参数，同时还增加了"材质选项"属性，如图 12-1 所示。在"合成设置"对话框中，将 3D 渲染器选择为 Cinema 4D，可激活"几何选项"属性设置。

图 12-1　图层的 3D 开关

在时间轴面板中取消选择图层的"3D 图层"开关，或取消勾选"图层"菜单中的"3D 图层"，可将 3D 图层转换为 2D 图层，所有变换属性由三维参数还原为二维参数。

12.2　坐标系

在三维空间中进行特效合成工作时，需要确定一个工作坐标系。AE 软件提供了 3 种坐标系模式，分别是本地轴模式、世界轴模式和视图轴模式。

（1）本地轴模式

使用当前对象的坐标系统进行变换，将坐标轴与 3D 图层的表面对齐。这是最常用的坐标系，如图 12-2 所示。

（2）世界轴模式

使用合成的坐标系统进行变换，将坐标轴与合成的绝对坐标对齐。这是一个绝对坐标系，对合成中的层进行旋转时，可以发现坐标系不随图层变化而发生任何改变，如图 12-3 所示。

（3）视图轴模式

将坐标轴与已选择的视图对齐。例如，将视图更改为自定义视图，在视图轴模式中，对该图层执行的所有移动或旋转变换，将沿着该视图轴进行，与该视图模式下观看图层的方向一致，如图 12-4 所示。

图 12-2　本地轴模式

图 12-3　世界轴模式

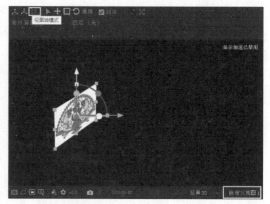

图 12-4　视图轴模式

摄像机工具始终沿着本地轴调整，因此摄像机工具的动作不受轴模式影响。

12.3　3D 图层的三维空间定位

二维图层转为三维图层后，图层的三维空间定位尤为重要。

（1）移动 3D 图层

在 AE 软件中，默认情况下，坐标系统的源点在合成面板的左上角。X（宽度）自左至右增加，Y（高度）自上至下增加，图层深度（Z 轴位置）默认为 0，Z 轴参数增加时自近至远，Z 轴参数减小时自远至近。

在时间轴面板中，选择 3D 图层后，按快捷键〈P〉，可打开图层的"位置"属性面板。修改"位置"属性的坐标值，或在合成面板中，使用选取工具，沿图层对应的 X、Y、Z 坐标轴拖动 3D 图层控件的箭头，可改变图层位置，如图 12-5 所示。

图 12-5　3D 图层"位置"属性

（2）旋转 3D 图层

在时间轴面板中，选择 3D 图层后，按快捷键〈R〉，打开图层"旋转"属性，可以通过更改图层的"方向"或"旋转"参数值来转动 3D 图层。"方向"参数中 X、Y、Z 的角度参数是指围绕世界坐标轴旋转；X、Y、Z 三个坐标轴的旋转参数是指围绕本地坐标轴旋转，可以根据制作需要，在工具栏中的本地轴模式、世界轴模式、视图轴模式之间进行切换。使用工具栏中的选取工具或旋转工具，在合成面板中选择 3D 图层控件对应坐标轴的圆形旋转控点，设置图层沿确定的坐标轴进行旋转，如图 12-6 所示。

（3）缩放 3D 图层

在时间轴面板中，选择 3D 图层后，按快捷键〈S〉，可打开图层的"缩放"属性。可调节缩放参数进行等比例缩放；取消约束比例后，可分别调节 X、Y、Z 三个方向的尺寸比例，按住〈Alt〉键的同时，单击"缩放比例"按钮，可将所有尺寸设置为相同的值；使用鼠标在合成面板中按住调节点拖拽也可以进行不等比例的缩放，如图 12-7 所示。

图 12-6　3D 图层"旋转"属性

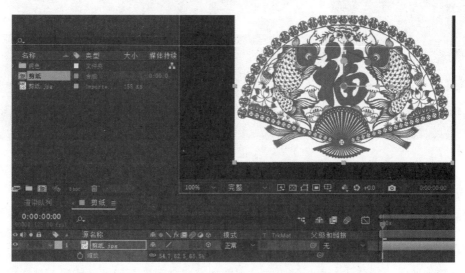

图 12-7　3D 图层"缩放"属性

12.4　摄像机工具

在时间轴面板中创建摄像机图层，通过摄像机旋转、移动和镜头伸缩，对三维场景进行观察，模拟真实场景中摄像机的拍摄效果。需要注意的是，摄像机不影响 2D 图层，只对 3D 图层有效。

（1）创建摄像机图层

选择"图层"菜单"新建"中的"摄像机"，或在时间轴面板空白处单击鼠标右键，选择"新建"中的"摄像机"，或按快捷键〈Ctrl+Alt+Shift+C〉，均可打开"摄像机设置"对话框，对摄像机参数进行设置，单击"确定"按钮后在时间轴面板中创建"摄像机"图层。双击时间轴面板中的"摄像机"图层，可再次打开"摄像机设置"对话框进行参数修改，如图12-8所示。

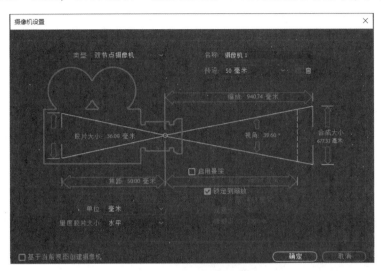

图 12-8　"摄像机设置"对话框

（2）摄像机参数设置

1）类型：分为单节点摄像机和双节点摄像机。单节点摄像机没有目标点，围绕自身定向；双节点摄像机具有目标点并围绕该点定向。

2）名称：摄像机的名称。默认情况下，"摄像机 1"是在合成中创建的第一个摄像机的名称，并且所有后续摄像机按升序编号。也可自行为摄像机命名。

3）预设："预设"提供了 15~200mm 焦距不等的 9 种常见摄像机镜头，根据需要可选择不同焦距的摄像机。15mm 广角镜头视野范围较大，与鹰眼镜头类似，看到的空间很广阔，但是会产生透视变形；200mm 长镜头视野范围较小，可将远处的物体拉近，画面几乎不变形；35mm 标准镜头的视角类似于人眼；系统默认预设为 50mm；选择预设焦距后，可根据需要修改"视角""缩放""焦距""光圈"等参数值，创建自定义摄像机。

4）缩放："缩放"参数为从镜头到图像平面的距离。该距离与焦距相等时，图层显示为正常大小，距离为焦距的两倍时，图层显示为高度和宽度的一半，依此类推。

5）视角：在图像中捕获场景的宽度。根据"焦距""胶片大小""缩放"值确定视角。焦距越小，视角越大，较广的视角产生与广角镜头相同的结果。

6）景深：对"焦点距离""光圈""F-Stop""模糊层次"设置应用自定义变量。使用这些变量，可以操作景深来创建更逼真的摄像机聚焦效果（景深是图像聚焦的距离范围，位于距离范围之外的图像将变得模糊）。

7）焦距：从胶片平面到摄像机镜头的距离。在 AE 软件中，摄像机的位置表示镜头的中心。在修改焦距时，"变焦"值会更改以匹配真实摄像机的透视性。此外，"预设""视角""光圈"值也会相应更改。

8）锁定到变焦：使"焦点距离"值与"变焦"值匹配，如果在时间轴面板中更改"变焦"

或"焦点距离"选项的设置，则"焦点距离"值将与"变焦"值解除锁定，如果需要更改值并希望保持锁定，需要在"摄像机设置"对话框中进行设置。

9）光圈：镜头孔径的大小。"光圈"设置也影响景深，增大光圈会增加景深模糊度。在真实摄像机中，增大光圈还会使进光量增加，从而影响曝光度。

10）模糊层次：图像中景深模糊的程度。设置为 100% 将创建摄像机设置指示的自然模糊。值越大越模糊，降低值可减少模糊。

11）胶片大小：胶片曝光区域的大小，直接与合成大小相关。值越大，视野越大；值越小，视野越小。在修改胶片大小时，"变焦"值会更改以匹配真实摄像机的透视性。

12）单位：表示摄像机设置值所采用的测量单位，包括像素、英寸、毫米三个选项。

13）量度胶片大小：用于描绘胶片大小的尺寸，包括水平、垂直和对角三个选项。

（3）摄像机常用工具

在场景中创建摄像机后，系统允许使用工具箱中的摄像机工具调节摄像机视图。使用快捷键〈C〉，可在旋转工具、移动工具、推拉镜头工具之间进行切换。也可以在其他工具状态下，按住〈Alt〉键不放，分别按下鼠标左键、中键或右键，对摄像机进行旋转、平移及推拉操作，如图 12-9 所示。

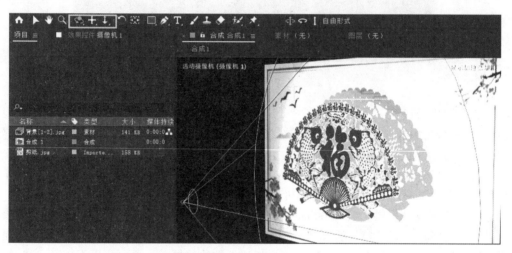

图 12-9　摄像机常用工具

1）旋转工具。

旋转工具包括三种，分别是：绕光标旋转工具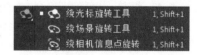、绕场景旋转工具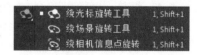、绕相机信息点旋转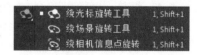。按键盘数字〈1〉键可快速切换到旋转工具，按〈Shift〉键的同时按〈1〉键，可在三个工具之间循环切换，如图 12-10 所示。

图 12-10　旋转工具

- 绕光标旋转工具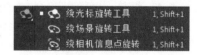：以鼠标点击位置作为摄像机旋转的中心。工具栏右侧有三个选项：垂直约束（Constrain Vertically）、水平约束（Constrain Horizontally）与自由形式（Free Form，默认）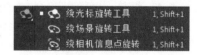。
- 绕场景旋转工具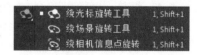：以合成中心作为摄像机旋转的中心。双节点摄像机的目标点默认在合成的中心。合成的中心指合成的三维空间的中心，即各正交视图的中心位置。
- 绕相机信息点旋转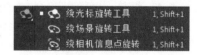：以双节点摄像机的目标点作为摄像机旋转的中心。

2）移动工具。

移动工具包括两种，分别是：在光标下移动工具、平移摄像机 POI 工具。按键盘数字〈2〉键可快速切换到移动工具，按〈Shift〉键的同时按〈2〉，可在两个工具之间循环切换，如图 12-11 所示。

图 12-11　移动工具

- 在光标下移动工具：摄像机相对于鼠标点击的位置开始平移。光标位置离摄像机远时，则平移速度相对较快，近时则相对较慢。
- 平移摄像机 POI 工具：摄像机相对于目标点的当前位置开始平移。平移速度相对于摄像机目标点保持恒定。

3）推拉镜头工具。

推拉镜头工具包括三种，分别是：向光标方向推拉镜头工具、推拉至光标工具、推拉至摄像机 POI 工具。按键盘数字〈3〉键可快速切换到推拉镜头工具，按〈Shift〉键的同时按〈3〉，可在三个工具之间循环切换，如图 12-12 所示。

图 12-12　推拉镜头工具

- 向光标方向推拉镜头工具：将镜头从合成中心推向鼠标点击位置。
- 推拉至光标工具：针对鼠标点击位置推拉镜头。
- 推拉至摄像机 POI 工具：针对摄像机目标点推拉镜头。

通过选择活动摄像机或指定自定义摄像机来查看合成面板画面效果。摄像机工具在其他三维视图中也可以使用，此时它针对视图进行缩放移动，以方便观察。在时间轴面板中可以创建多个摄像机图层来增加观察视角，活动摄像机视图用于创建最终输出和嵌套合成的多个视角。在时间轴面板中，打开"视频"显示开关，激活当前时间点的摄像机图层，这将作为当前合成面板的输出视角。通过调整多个摄像机的入点和持续时间，模拟真实场景中多机位拍摄的画面效果。

12.5　灯光系统

AE 软件可利用照明灯光模拟三维空间真实光线效果，使用新建命令在三维场景中建立多盏照明灯，以产生复杂的光影效果。与摄像机相似，灯光不影响 2D 图层，只对 3D 图层有效。

（1）创建灯光

选择"图层"菜单"新建"中的"灯光"，或在时间轴面板空白处单击鼠标右键，选择"新建"中的"灯光"，或按快捷键〈Ctrl+Alt+Shift+L〉，均可打开"灯光设置"对话框，设置参数后单击"确定"按钮，可在时间轴面板中创建灯光图层。双击时间轴面板中的灯光图层，可再次打开"灯光设置"对话框，对相关参数进行修改，如图 12-13 所示。

（2）灯光类型

AE 软件中提供了四种类型的照明灯光，分别是平行、聚光、点、周围。创建灯光时，在"灯光类型"下拉列表中，可以根据制作需要选择一种灯光类型，如图 12-14 所示。

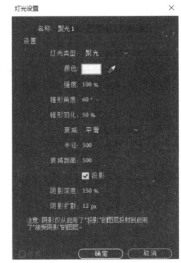

图 12-13　"灯光设置"对话框

- 平行：从无限远的光源处发出的定向光，接近来自太阳等光源的
  光线，其光照不会因为距离而衰减，如图 12-15 所示。
- 聚光：光源以圆锥形发射光线。在"灯光设置"对话框中，可
  对灯光的锥形角度、锥形羽化、半径等参数进行设置，类似剧场
  中使用的聚光灯或闪光灯，如图 12-16 所示。

图 12-14　灯光类型

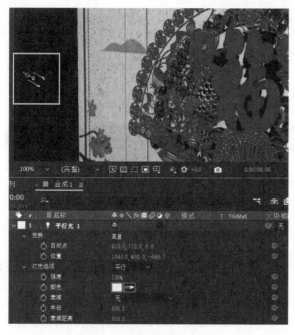

图 12-15　平行

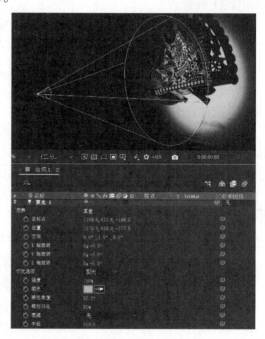

图 12-16　聚光

- 点：光源发出无约束的全向光，类似裸露的电灯泡的光线。从一个点向四周发射光线。随
  着对象离光源的距离不同，受光程度也有所不同，由近至远光照衰减。距离越近，光照
  越强；距离越远，光照越弱，如图 12-17 所示。
- 周围：没有光源，可以照亮场景中的所有对象，有助于提高场景的总体亮度，但是无法产
  生投影，如图 12-18 所示。

图 12-17　点

图 12-18　周围

（3）参数设置

选择灯光类型后，可根据制作需要对灯光参数进行设置。根据所选灯光类型的不同，可供设置的参数也有所不同。

- 颜色：设置灯光颜色。默认情况下，灯光为白色。可打开"灯光颜色"对话框，或用吸管工具设置灯光颜色。
- 强度：光照的亮度。强度数值越高，场景越亮。当灯光强度为 0 时，场景变黑。可以将灯光强度设为负值，此时具有吸光的作用。当场景中有其他灯光时，强度为负值的灯光可以减弱场景中的光照强度。
- 锥形角度：光源周围锥形的角度，只有选择"聚光"类型后，该参数才被激活。聚光灯圆锥角度越大，光照范围越广。
- 锥形羽化：聚光光照的边缘柔化程度。该选项同样仅对"聚光"类型有效。默认情况下，该数值为 0，光圈边缘界线分明，比较僵硬；羽化数值越大，边缘越柔和。
- 衰减：为灯光照明设置衰减。下拉列表中可选择衰减方式。设置衰减后，可在"半径"和"衰减距离"中对衰减强度进行设置。
- 投影：指定光源是否导致图层产生投影。选择该选项，灯光会在场景中产生投影。需要注意的是，打开灯光的投影属性后，还需要将受光图层的材质属性"投影"设置为"开"（该设置不是默认设置），同时在接受投影的背景图层的材质选项中，将"接受阴影"开关打开（该设置是默认设置），三者缺一不可。
- 阴影深度：设置投影的颜色深度。当数值较小时，产生颜色较浅的投影；数值越大，投影颜色越深。仅当选择了"投影"时，此参数才处于激活状态。
- 阴影扩散：设置阴影的柔和度。较小的值产生的投影边缘较硬，较大的值产生的投影边缘较柔和。仅当选择了"投影"时，此参数才处于激活状态。

在合成中建立灯光后，可以改变其位置，对其进行旋转，并设置动画。具体方法与图层和摄像机的操作方法相同。

12.6　材质选项

在场景中设置灯光后，场景中的图层如何接受灯光照明、如何进行投影，将由三维图层"材质选项"中的属性控制。合成中的 2D 图层转为 3D 图层后都具有"材质选项"属性，通过调节图层的材质属性参数，控制图层对灯光的反射和吸收，以达到满意的照射效果。

1）投影：该属性用于控制当前图层是否产生投影。阴影的方向和角度由光源的方向和角度决定。选择"关"，当前图层不产生投影；选择"仅"，图层不可见只显示投影；选择"开"，则当前图层和投影同时显示。默认状态为"关"。

2）透光率：该属性为透过图层的光照百分比，将图层的颜色投射在其他图层上作为阴影。数值越高，投影的颜色与图层的颜色越接近。

3）接受阴影：该属性决定当前图层是否接受阴影。选择"开"，当前图层接受投影；选择"关"，当前图层不接受投影。默认状态为"开"。

4）接受灯光：该属性决定当前图层是否接受灯光。选择"开"，当前图层接受灯光；选择"关"，当前图层不接受灯光。此设置不影响阴影。默认状态为"开"。

5）周围：该属性用于控制当前图层受环境光的影响程度。设置为 100% 时，表示图层将完全反射环境光；设置为 0% 时，则表示图层不会反射环境光。

6）漫射：该属性用于控制图层接受灯光的发散程度，决定图层表面光线向四面八方漫反射的比例。参数数值越高，接受灯光的发散级别越高，对象越亮。设置为100%时，表示受到反射最多；设置为0%时，表示无漫反射。

7）镜面强度：该属性用于控制对象的镜面反射级别。镜面光照从图层反射就好像从镜子反射一样。数值越高，反射级别越高，产生的高光点越明显。100%时表示受到镜面反射最多；设置为0%时，表示无镜面反射。

8）镜面反光度：该属性用于控制镜面高光的大小。仅当"镜面强度"设置大于零时，此值才处于激活状态。设置为100%时表示具有小镜面高光的反射。设置为0%时表示具有大镜面高光的反射。

9）金属质感：该属性用于控制图层颜色对镜面高光颜色的贡献率。设置为100%时表示高光颜色为图层的颜色，设置为0%时表示镜面高光的颜色是光源的颜色。

本项目需要建立三维空间的基本概念，了解坐标系的分类和应用场景，掌握图层由2D转为3D后各属性参数的变化。下面通过案例制作，帮助读者构建三维空间概念，并熟练使用摄像机和灯光等工具制作动画效果。

【方法引导】

伴随着元宇宙新时代的来临，许多展览行业引进了VR虚拟展厅展馆。本项目将搭建一个3D虚拟艺术展厅，在三维空间的墙壁上布置五幅绘画作品，中间为横版的牡丹作品，两侧分别为竖版梅、兰、竹、菊作品。为每幅画作添加灯光和投影效果，并通过摄像机从右向左移动对画展进行浏览参观，最后制作拉镜头效果观看展厅全景。

【项目实施】

任务 12.7　导入素材，构建三维空间

项目效果　　制作过程

1）打开AE软件，双击项目面板空白处，导入五幅绘画作品和画框素材，如图12-19所示。

图12-19　导入素材

2）单击合成面板中的"新建合成"按钮，打开"合成设置"对话框，将合成名称改为"虚拟画展"，将"预设"设置为"HD·1920×1080·25fps"，持续时间为25秒，如图12-20所示。

3）新建纯色图层，名称为"中间"，颜色为#BB3333。按〈Ctrl+D〉键复制两层，分别命名为"左侧""右侧"，按"3D图层"按钮，将三个图层转为3D图层。调整为两个视图查看效果，选择"左侧"和"右侧"图层，按〈R〉键打开"旋转"属性，将"Y轴旋转"设置为90°，调整三个图层的位置参数使其呈U型，不选择任何图层的情况下，快速双击〈U〉键，可显示出图层中所有发生参数变化的属性，如图12-21所示。

4）单击"中间"图层，按〈Ctrl+D〉复制一层，命名为"地板"，修改颜色为#2D2D2D，设置"X轴旋转"为90°，设置位置、缩放参数，将其调整到合适位置，如图12-22所示。

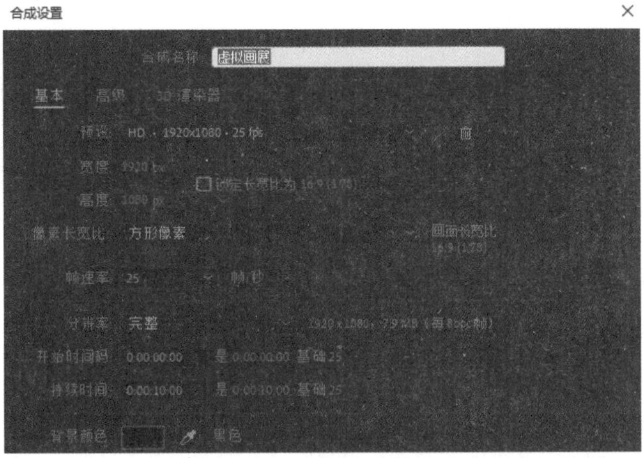

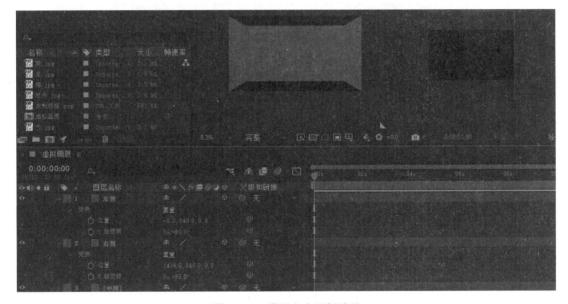

图 12-20　"合成设置"对话框

图 12-21　设置左右两侧墙壁

图 12-22　设置"地板"图层

任务 12.8　制作画作放入画框的预合成图层

1）将"牡丹"和"木制相框"素材拖入时间轴面板，同时选中这两个图层，单击鼠标右键，进行预合成。命名为"画-中间"，单击"确定"按钮，如图 12-23 所示。

图 12-23 制作牡丹画框预合成

2）双击进入"画-中间"合成，调整画框和作品的缩放属性数值，将作品放置在画框中间适当位置，如图 12-24 所示。

3）重复上述步骤，分别将"梅""兰""竹""菊"四幅画作与画框进行预合成，并适当调节素材大小，将画作放入画框中的适当位置，如图 12-25～图 12-28 所示。

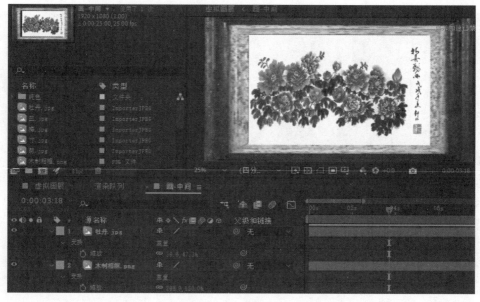

图 12-24 使用蒙版去除画框左侧白色方块

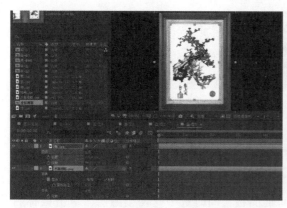

图 12-25 制作"梅"画框预合成

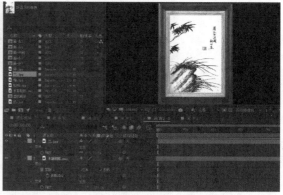

图 12-26 制作"兰"画框预合成

图 12-27　制作"竹"画框预合成

图 12-28　制作"菊"画框预合成

任务 12.9　在三维空间布置画框

返回"虚拟画展"合成，将五个画框预合成图层转为 3D 图层。分别调整其位置、缩放、旋转参数，较大的横版牡丹画框置于中间墙壁，另外四幅竖版画框，按照梅、兰、竹、菊的顺序，置于左右两侧的墙壁，调整到合适位置，如图 12-29 所示。

图 12-29　在三维空间布置画框

任务 12.10　设置环境光和照明灯光

1）首先设置环境灯光效果。在时间轴面板空白处单击鼠标右键，在弹出的菜单中选择"灯光"，打开"灯光设置"对话框，命名为"环境光"，灯光类型为"周围"，颜色为#C6C6C6，强度为 120%，如图 12-30 所示。

2）设置中间画框上方的灯光效果。新建"灯光"，命名为"画-中间灯光 1"，灯光类型为"聚光"，颜色为#FF6100，强度为 100%，锥形角度为 50°，锥形羽化为 30%，勾选"投影"，设置阴影深度为 500%，阴影扩散为 0px，如图 12-31 所示。

3）将此灯光移至中间画框左侧三分之一处的上方；按〈Ctrl+D〉复制一层，命名为"画-中间灯光 2"，移动至中间画框右侧三分之一处上方，如图 12-32 所示。

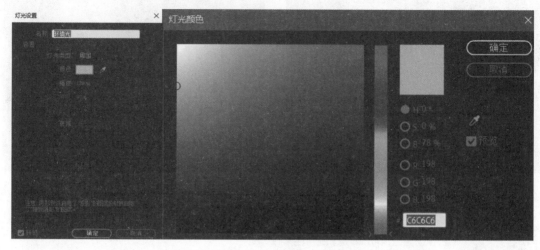

图 12-30　设置环境光

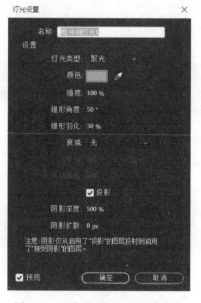

图 12-31　设置画框上方灯光参数

图 12-32　设置牡丹画框上方灯光效果

4）新建灯光图层，命名为"画-右 1 灯光"，灯光类型为"聚光"，颜色为#FF6100，强度为100%，锥形角度为45°，锥形羽化为30%，勾选"投影"，设置阴影深度为500%，阴影扩散为0px，如图 12-33 所示。

5）调整灯光位置使其在右 1 "梅"画框的正上方，如果调整不清晰，可以隐藏左侧、右侧图层的显示，如图 12-34 所示。

6）选择"画-右 1 灯光"灯光图层，按〈Ctrl+D〉复制一层，命名为"画-右 2 灯光"，调整位置使其在右 2 "兰"画框的正上方，如图 12-35 所示；选择"画-右 1 灯光"和"画-右 2 灯光"两个图层，按〈Ctrl+D〉进行复制，将两个灯光移至左侧墙壁，调整光源位置，使其位于左侧"竹""菊"两幅画框上方，如图 12-36 所示。

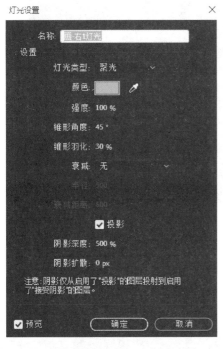

图 12-33 设置画框上方灯光参数

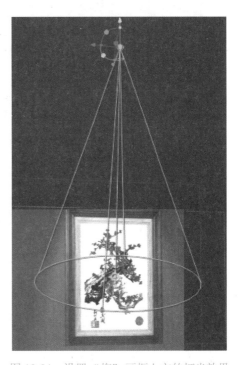

图 12-34 设置"梅"画框上方的灯光效果

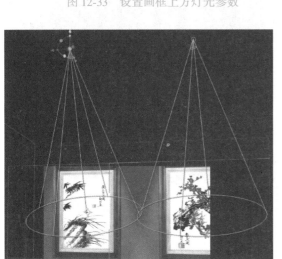

图 12-35 设置"兰"画框上方灯光效果

图 12-36 设置"竹"和"菊"画框上方灯光效果

任务 12.11 制作灯光的投影效果

1）选中"中间""右侧""左侧"图层，打开其"材质选项"，将三个图层的"接受阴影"和"接受灯光"设置为"开"，如图 12-37 所示。

2）选中五个画框，在"材质选项"中将"投影""接受投影""接受灯光"设置为"开"，使五个画框都有投影，如图 12-38 所示。

图 12-37　设置"材质选项"参数

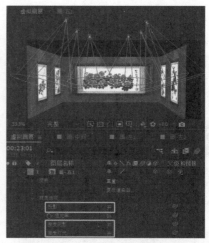

图 12-38　制作灯光投影效果

任务 12.12　设置摄像机的运动路径

1）在时间轴面板空白处单击鼠标右键，在弹出的"新建"菜单中选择"摄像机"，打开"摄像机设置"对话框，类型选择"双节点摄像机"，名称为"摄像机 1"，将"预设"设置为 50 毫米，单击"确定"按钮，新建摄像机图层，如图 12-39 所示。

2）将时间指示器移至 0 秒处，对位置和目标点设置关键帧。按住〈Alt〉键的同时分别拖动鼠标左键、中键和右键，进行摄像机的旋转、移动和缩放，调整显示"梅"画面，如图 12-40 所示。

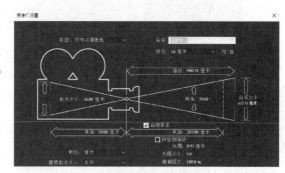

图 12-39　新建摄像机图层

图 12-40　为摄像机图层位置属性添加关键帧

3）将时间指示器移至 8 秒处，按住〈Alt〉键的同时拖动鼠标左键，在工具栏中选择"绕场景旋转工具"或"绕相机信息点旋转工具"，同时配合"推拉镜头工具"，设置摄像机从右至左浏览画展，至中间"牡丹"画面，如图 12-41 所示。

图 12-41　设置摄像机从右至左浏览画展

4）将时间指示器移至 16 秒处，按住〈Alt〉键的同时拖动鼠标左键，设置摄像机继续向左侧摇动以浏览画展，最后画面显示"菊"画作，如图 12-42 所示。

图 12-42　设置摄像机继续向左侧摇动

5）将时间指示器移至 17 秒处，选择前一个关键帧，按〈Ctrl+C〉键进行复制，按〈Ctrl+V〉键，将其粘贴在 17 秒处，即画面保持 1 秒钟的静止，如图 12-43 所示。

图 12-43　设置画面静止 1 秒钟

6）最后制作拉镜头观看全景的摄像机运动效果。将时间指示器移至 24 秒处，按住〈Alt〉键的同时分别拖动鼠标左键、中键和右键，进行摄像机的旋转、移动和缩放，将镜头旋转并拉开，使镜头运动平稳，最终显示全部画作，画面左右对称，如图 12-44 所示。

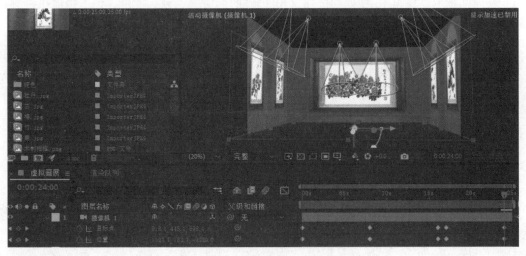

图 12-44　设置摄像机拉镜头效果

任务 12.13　添加背景音乐并输出成片

将背景音乐拖入时间轴面板，为短片添加背景音乐，在 23～25 秒设置声音减弱的效果，如图 12-45 所示。再次预览效果，满意后按〈Ctrl+S〉键进行保存，按〈Ctrl+M〉键，渲染输出成片。

图 12-45　添加背景音乐

【项目小结】

本项目系统介绍了 AE 软件中三维空间的概念、坐标系和三维视图的使用方法。对于灯光和摄像机的使用进行了详细讲解。

灯光和摄像机的使用是本项目的重点内容，图层的属性和参数较多，不但需要掌握软件中相关图层属性及参数的设置方法，还需要了解实际拍摄过程中灯光的使用技巧和摄像机的拍摄景别和运动技巧，做到虚实结合，最终制作出模拟真实拍摄的动画效果。

【技能拓展：蝴蝶飞舞】

制作要求如下。

1）制作蝴蝶连续扇动翅膀的动画效果。

2）制作蝴蝶在三维空间内飞舞的效果。

3）制作聚光灯追随蝴蝶在三维空间内的位置移动。

4）通过摄像机制作镜头推拉的运动效果。

【课后习题】

一、单选题

1. 在 AE 软件中进行三维空间合成时，需要将对象的(　　)打开。

A. 运动属性　　　　　　B. 3D 属性　　　　　　C. 变换属性　　　　　　D. 图层属性

2. (　　)通常用于对象的空间调整，在该视图中可以直观地看到对象在三维空间中的位置，而不受透视产生的其他影响。

A. 背面视图　　　　　　B. 顶部视图　　　　　　C. 底部视图　　　　　　D. 自定义视图

3. 在三维空间合成时，经常需要使用三维视图来进行调整，(　　)可以从三维空间的正下方进行观察。

A. 顶部视图　　　　　　B. 底部视图　　　　　　C. 正面视图　　　　　　D. 背面视图

二、多选题

1. 在三维空间中进行特效合成时，AE 软件提供了三种坐标系工作方式，分别是(　　)。

A. 本地轴　　　　　　　B. 世界轴　　　　　　　C. 视图轴　　　　　　　D. 时间轴

2. AE 软件的灯光系统提供了四种灯光类型，分别是(　　)。

A. 平行　　　　　　　　B. 聚光　　　　　　　　C. 点　　　　　　　　　D. 周围

三、判断题

1. 所谓三维空间是在二维的基础上加入深度的概念而形成的。　　　　　　　　　　　(　　)

2. 创建灯光时，只要勾选"投影"选项，即可使受光物体产生投影。　　　　　　　　(　　)

四、简答题

1. 简述 AE 软件的三维空间概念。

2. 简述 AE 软件的三种坐标系模式。

3. 简述在三维空间中灯光产生投影的条件。

项目 13　影片调速——毽球高手

【学习导航】

知识目标	1. 了解常用的视频播放方式。 2. 掌握时间轴面板中"时间伸缩"对话框的参数设置方法。 3. 掌握时间重映射命令的使用方法。 4. 掌握时间特效命令的参数设置方式。
能力目标	1. 能够利用时间伸缩对话框进行整体调速。 2. 能够熟练使用时间重映射命令制作影片的多种播放效果。 3. 能够熟练图层-时间中的常用命令制作影片的多种播放效果。 4. 能够熟练效果-时间中的特效命令制作影片的多种播放效果。
素质目标	1. 具有一定的音乐素养和较好的节奏感。 2. 具有较强的自主学习能力。 3. 具有较强的创新创意能力。
课前预习	1. 了解常用的视频播放方式。 2. 观看影视剧作品,并观察其中调速效果的应用情况。

【项目概述】

　　影片编辑完成之后,有时需要对影片的整体播放速度进行调整,有时需要对影片的某一片段进行快放、慢放、倒放、定格等速度的调整。本项目对毽球比赛中的精彩画面进行速度调整,采用冻结帧、时间重映射等命令,实现画面定格、快放、慢放、倒放等效果。

　　慢放镜头延长了现实中的时间和实际运动过程,被称为"时间的特写",以其在表现韵律感、动作感、情绪性等方面的特殊魅力,造成一种独特的视觉效果,引起人们的深思、创造出深邃的艺术意境,成为影视艺术中常用的表现技巧。

　　快放镜头压缩了播放时间和实际运动过程,增加了影片的紧张感,对人物动作的快放效果还可增加影片的滑稽性,产生一种夸张的喜剧性效果,也是影视艺术中常用的表现技巧。

　　在 AE 软件中,可以通过调整影片的持续时间和伸缩比例,对影片进行整体速度调整;也可以通过时间重映射命令,通过关键帧设置对局部播放速度进行调整;还可以通过安装第三方插件对影片速度进行调整。在本项目中,将学习分别针对影片整体和局部的调速方法。

【知识点与技能点】

　　AE 软件是一款十分强大的特效制作软件,可以根据影片制作需要,对影片整体或局部进行快放、慢放、倒放、定格等播放速度控制。时间伸缩、时间重映射和时间扭曲效果都可以实现影片调速。

微课视频

13.1　时间伸缩

　　时间伸缩可为时间轴面板中的图层进行整体速度调整,设置快放和慢放效果。

（1）时间伸缩面板的打开方式

在"图层"菜单中选择"时间">"时间伸缩"命令，弹出"时间伸缩"对话框，如图 13-1 所示；也可在时间轴面板的图层上单击鼠标右键，在弹出的"时间"中选择"时间伸缩"命令，弹出"时间伸缩"对话框，如图 13-2 所示；单击时间轴面板左下方图标展开或折叠"入点"/"出点"/"持续时间"/"伸缩"窗格，可在时间轴面板中打开入点、出点、持续时间和伸缩属性，如图 13-3 所示；在时间轴面板的功能栏中单击鼠标右键，在"列数"中勾选"持续时间""伸缩"，也可激活相关属性，如图 13-4 所示。单击"持续时间"或"伸缩"属性下方的数值，可弹出"时间伸缩"对话框，如图 13-5 所示。

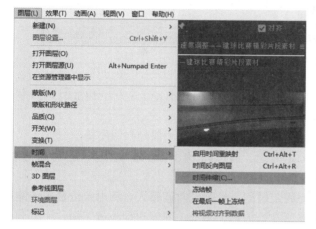

图 13-1 "图层"菜单中选择"时间伸缩"

图 13-2 右键单击图层选择"时间伸缩"

图 13-3 在窗格中选择"时间伸缩"

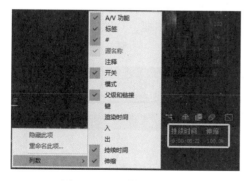

图 13-4 "列数"子菜单

图 13-5 "时间伸缩"对话框

（2）"时间伸缩"对话框的参数设置

1）伸缩：在"时间伸缩"对话框中，可设置拉伸因数和新持续时间。当拉伸因数等于 100% 时，新持续时间与原持续时间相等，为正常播放速度；当拉伸因数小于 100% 时，新持续时间比原持续时间缩短，为快放效果；反之，拉伸因素大于 100% 时，新持续时间比原持续时间增长，为慢放效果，如图 13-6 所示。

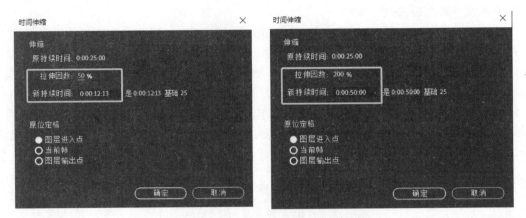

图 13-6 "时间伸缩"对话框的参数设置

需要注意的是，此时音频时长也会改变，由于变速后音频的频率发生变化，快放时声音变得尖锐，慢放时声音变得沉闷。

2）原位定格："原位定格"有三个选项，分别是图层进入点、当前帧和图层输出点。

- 图层进入点：设置图层当前的入点为固定时刻，通过调整出点时刻对图层进行时间伸缩，即调速时图层入点位置不变。
- 当前帧：设置当前时间指示器的位置为固定时刻，通过同时调整入点和出点位置来伸缩图层的时长。即调速时图层以时间指示器所在当前帧为基准，向两边伸长或缩短。
- 图层输出点：设置图层当前的出点为固定时刻，通过调整入点时刻对图层进行时间伸缩，即调速时图层出点位置不变。

（3）将图层伸缩到特定时间

在时间轴面板中，可以设定将图层的入点和出点快速伸缩到时间指示器所在的位置（如果时间轴面板中未显示相关信息，可激活时间轴面板左下方的〈展开或折叠"入点"/"出点"/"持续时间"/"伸缩"窗格〉）。首先定位时间指示器位置，如果要将入点伸缩到该时刻，可按住〈Ctrl〉键的同时，单击"入点"属性下面的数值；如果要将出点伸缩至该时刻，可按住〈Ctrl〉键的同时，单击"出点"下方的数值。此时素材会自动伸缩，持续时间和伸缩比例的数值将同步发生变化，如图 13-7 所示。

图 13-7 将图层伸缩到特定时间

13.2　时间重映射

"时间重映射"命令可对动态素材进行局部调整，实现快放、慢放、静帧、倒放、局部循环等播放速度和效果控制。

（1）启用时间重映射

在"图层"菜单中选择"时间">"启用时间重映射"命令，或按键盘〈Ctrl+Alt+T〉键，可为时间轴面板选定的图层添加"时间重映射"命令，如图 13-8 所示；也可在时间轴面板的视频图层上，单击鼠标右键选择"时间"中的"启用时间重映射"命令，如图 13-9 所示。

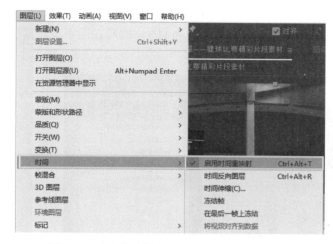

图 13-8　"图层"菜单选择"启用时间重映射"　　　图 13-9　时间轴面板选择"启用时间重映射"

（2）设置"时间重映射"参数

为图层添加时间重映射命令后，在图层的入点和出点处会自动添加起始和结束关键帧，此时使用鼠标拖拽起始和结束关键帧的位置，可控制视频画面的播放速度。也可以添加新关键帧，通过关键帧设置，控制局部画面的播放速度，如图 13-10 所示。

图 13-10　设置"时间重映射"参数

此时，通过观察时间轴面板中图层"时间重映射"命令左侧的时间显示数据，可了解当前画面内容对应原始素材的源时间；或双击图层打开"图层"面板，观察调速后时间指示器所在时刻自动对应的源时间，查看调速后的播放状态，如图 13-11 所示。

图 13-11　在图层面板中查看调速状态

在图表编辑器中，可以方便、直观地对时间重映射进行相关设置。在时间轴面板中选择需要调速的图层"时间重映射"名称，激活时间轴面板上方的图表编辑器按钮████，时间轴面板的右侧会显示图表类型，可在空白区域单击鼠标右键，在弹出的菜单中根据需要选择相应选项。如果图表显示的时间比例不合适，可勾选菜单最上方的"自动缩放高度以适合视图"选项。图表下方是常用工具按钮，可根据需要选择使用，如图 13-12 所示。按〈Shift+F3〉键可在图表编辑器模式和图层条模式之间切换。

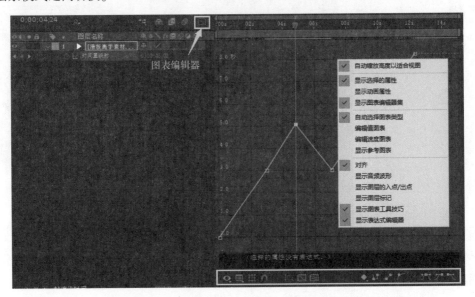

图 13-12　在图表编辑器中查看调速状态

在"编辑值图表"中，左侧纵轴表示原始素材所对应的时间，上方横轴为调速后所对应的时间。选中的关键帧表示原始素材中 4 秒钟播放的画面内容，调速后在 8 秒钟进行播放。从曲线的斜率来看，斜率为正值表示正播，斜率为负值表示倒播，斜率为 1 表示正常速度播放，斜率小于 1 表示慢放，斜率大于 1 表示快放，斜率为 0 表示定格，如图 13-13 所示。

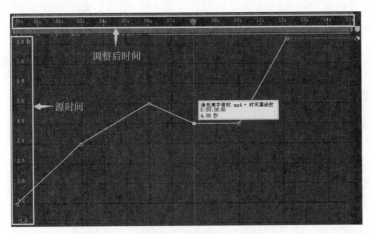

图 13-13　在"编辑值图表"中查看调速状态

在"编辑值图表"中，沿时间指示器上下移动选定的关键帧时，将改变直线的斜率，设置该关键帧在当前时间播放源视频中不同时间点的视频画面，从而影响播放速度；沿水平线左右移动选定的关键帧时，也将改变直线的斜率，设置源视频中某一时刻的视频画面在调速后的不同时间播放。"时间重映射"属性名称右侧的值，表示源视频中当前时间播放内容所对应的源时间，即调速前该画面对应的播放时间，如图 13-14 所示。

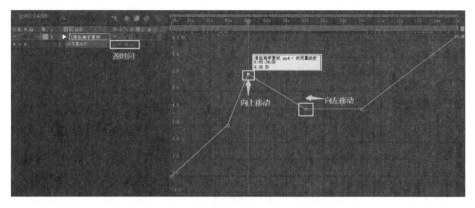

图 13-14　在"编辑值图表"中调速

将图表编辑器切换到"编辑速度图表"。直线的值为 1 秒/秒表示以正常速度播放，值为-1 秒/秒表示以正常速度倒放，值大于 1 秒/秒表明正播快放，小于-1 秒/秒表明倒播快放，值在 0 和 1 秒/秒之间表示正向慢放，在 0 至-1 秒/秒之间表示倒播慢放，值为 0 表示定格，如图 13-15 所示。

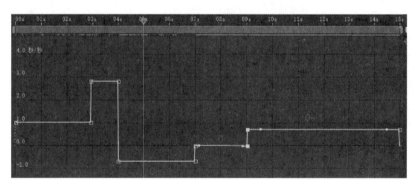

图 13-15　在"编辑速度图表"中调速

单击图层下方的"时间重映射"名称，可选中全部关键帧。按〈F9〉键，设置关键帧为缓动，此时在"编辑值图表"和"编辑速度图表"中会看到，原来的直线变为曲线，使调速后的播放效果更加平滑柔和，如图 13-16 所示。

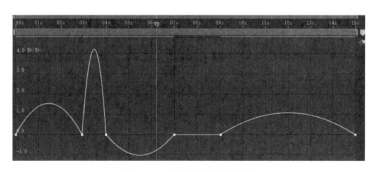

图 13-16　设置关键帧缓动

如果时间重映射生成的帧速率与原始速率的差异非常大，则可能影响图层中运动画面的品质。应用"帧混合"可以改进慢动作或快动作的画面播放效果。

13.3　冻结帧

除了对影片整体和局部速度调整之外，在 AE 软件中也可以使用"冻结帧"功能，将视频画面定格在某一帧。

在时间轴面板中选择图层，将时间指示器置于需要冻结的帧上，选择"图层"菜单>"时间">"冻结帧"，或在图层上右击鼠标，选择"时间"中的"冻结帧"，可冻结时间指示器所在的画面。冻结帧位置的关键帧形状为一个灰色的正方形图标。冻结之后，所有视频画面统一显示为时间指示器所在位置的静止画面，如图 13-17 所示。

图 13-17　冻结帧

对于已经添加了时间重映射关键帧的调速图层，应用"冻结帧"命令时，会删除之前创建的所有关键帧，如图 13-18 所示。

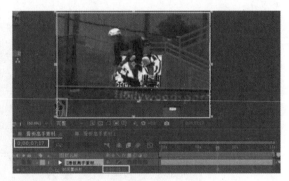

图 13-18　查看"冻结帧"效果

13.4　时间反向图层

顾名思义，"时间反向图层"就是把图层画面内容反向播放。在时间轴面板中选择需要反向播放的图层，应用"图层"菜单>"时间">"时间反向图层"命令，或在时间轴面板图层上右击鼠标，选择"时间"中的"时间反向图层"，或按快捷键〈Ctrl+Alt+R〉，可使图层画面内容产生倒放效果。此时可以看到图层的时间线变成花边，表示视频内容是倒放状态，如果之前图层应用了时间重映射进行调速，此时所有关键帧的位置也会反向设置，如图 13-19 所示。

图 13-19　时间反向图层

在 AE 软件中，调整影片速度的方法多种多样，可根据实际需要选择合适的方法进行整体或局部速度调整，同时也可以发挥自己的想象力，制作出更多有创意的影片调速效果。

【方法引导】

本项目应用"时间重映射"命令对素材的局部画面进行速度控制，对毽球选手在空中的击球姿态进行快放、慢放、倒放、定格等速度控制，通过图表编辑器中的"编辑值图表"和"编辑速度图表"显示播放速度的变化情况，通过线段的不同斜率和数值，判定播放速度的变化情况。

【项目实施】

项目效果　制作过程

任务 13.5　导入素材并新建合成

打开 AE 软件，导入素材，将素材拖放到"新建合成"按钮上，以素材为大小新建合成。按〈Ctrl+K〉键打开"合成设置"对话框，将"合成名称"修改为"毽球高手"，"持续时间"设置为 40 秒，单击"确定"按钮，如图 13-20 所示。

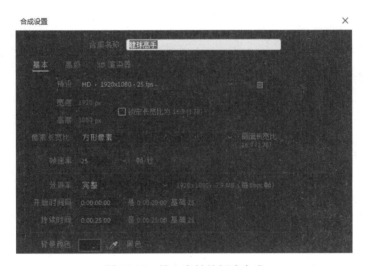

图 13-20　导入素材并新建合成

任务 13.6　使用"时间伸缩"整体调速

1）单击时间轴面板左下角图标展开或折叠"入点"／"出点"／"持续时间"／"伸缩"窗格，通过伸缩来调节影片整体的播放速度，默认状态为 100%，即正常的播放速度。通过拖拽鼠标向左调整，数值减小，时间缩短；向右调整，数值增大，时间增长。或单击"缩放"数值，在弹出的"时间伸缩"对话框中，将"拉伸因数"调至 50%，发现影片时长比原来的正常播放时间减小了一半，影片的播放速度明显加快，如图 13-21 所示。

2）将数值向右增大至 160%，可以发现影片时长明显延长，达到了 40 秒；也可以通过单击伸缩数值，在弹出的"时间伸缩"对话框中将"拉伸因数"调至 160%，此时播放速度明显放慢，同时声音也变慢了。声音变慢后，频率降低，因此有些沉闷，如图 13-22 所示。

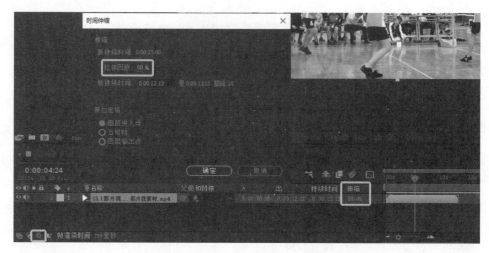

图 13-21　使用"时间伸缩"设置快放效果

图 13-22　使用"时间伸缩"设置慢放效果

任务 13.7 使用"冻结帧"设置画面定格效果

1）在项目面板中双击毽球比赛的素材，打开"素材"窗口，仔细观察影片，查看毽球运动员比赛的精彩瞬间。影片开头运动员飞身击球的动作非常潇洒，通过"冻结帧"的方法将运动员飞身跃起的动作进行定格显示。关闭最下层的图层显示，将"毽球比赛"素材拖放至时间轴面板最上层，将时间指示器移至第一帧处。在图层上单击鼠标右键，在弹出的对话框中选择"时间">"冻结帧"，将画面定格在第 1 帧。在工具栏中选择钢笔工具，为最右侧的击球运动员添加蒙版，将运动员从背景中抠出。将时间指示器移至 1 秒处，按〈Alt+]〉键，设置图层出点，即画面持续时间为 1 秒钟，如图 13-23 所示。

2）将图层名称修改为"1"，再次拖拽"毽球比赛"素材到图层 1 下方，改名为"2"。将时间指示器移至 10 帧处，为图层 2 添加冻结帧效果，将画面定格在第 10 帧。按〈Alt+[〉键设置入点；将时间指示器移至 1 秒处，按〈Alt+] 〉键设置出点。同样使用钢笔工具，将击球运动员从背景中抠出，如图 13-24 所示。

图 13-23　使用"冻结帧"定格第 1 帧画面

图 13-24　使用"冻结帧"定格第 10 帧画面

3）再次拖拽"毽球比赛"素材到图层 2 下方，改名为"3"。将时间指示器移至 16 帧处，为图层 3 添加冻结帧效果。按〈Alt+[〉键设置入点；将时间指示器移至 1 秒处，按〈Alt+] 〉键设置出点。同样使用钢笔工具，将击球运动员从背景中抠出，如图 13-25 所示。

图 13-25 使用"冻结帧"定格第 16 帧画面

4）再次拖拽"毽球比赛"素材到图层 3 下方，改名为"4"。将时间指示器移至 23 帧处，为图层 4 添加冻结帧效果。按〈Alt+[〉键设置入点；将时间指示器移至 1 秒处，按〈Alt+]〉键设置出点。同样使用钢笔工具，将击球运动员从背景中抠出，如图 13-26 所示。

图 13-26 使用"冻结帧"定格第 23 帧画面

5）使用鼠标拖拽选中图层 1~4，在图层上单击鼠标右键，在弹出的菜单中选择"预合成"；或按〈Ctrl+Shift+C〉键，将选中图层进行预合成，将"新合成名称"修改为"冻结帧"，选择"将所有属性移动到新合成"，单击"确定"按钮，如图 13-27 所示。

图 13-27　将图层 1~4 进行预合成

6）双击"冻结帧"预合成，将其打开。将时间指示器定位到 1 秒处，使用鼠标将"工作区域结尾"移至 1 秒处。选择"合成">"将合成裁切到工作区"，或按〈Ctrl+Shift+X〉键将合成裁切到工作区，如图 13-28 所示。

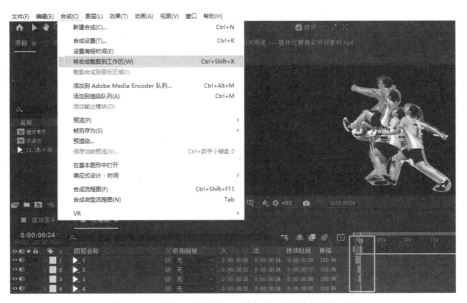

图 13-28　将"冻结帧"预合成时长裁切到 1 秒

7）返回"键球高手"合成，可以看到"冻结帧"预合成的持续时间为 1 秒钟。打开最下层的图层显示开关，关闭图层左侧的小喇叭 使图层静音。按空格键进行预览，因为图层 2 的素材刚才进行了 160% 缩放的快放设置，两个图层的击球速度不匹配。接下来使用"时间重映射"命令对"冻结帧"预合成进行速度调节。选择"冻结帧"预合成图层，按〈Ctrl+Alt+T〉键，为其添加"时间重映射"命令。经过观察发现，最下层图层在 1 秒 15 帧左右完成击球动作，将时间指示器定位在 1 秒 15 帧处，将"冻结帧"预合成的出点和结尾关键帧与时间指示器对齐，如图 13-29 所示。

图 13-29　为"冻结帧"预合成添加"时间重映射"命令

任务 13.8　使用"时间重映射"进行调速

1）将图层 2"键球比赛"素材的"伸缩"还原为 100%。右键单击图层 2，在弹出的菜单中选择"时间">"启用时间重映射"，为素材添加"时间重映射"，如图 13-30 所示。

图 13-30　为图层 2 添加"时间重映射"

2）调整后续画面播放的变速效果。选择"时间重映射"，激活时间轴面板上方的"图表编辑器"按钮，这时出现了类似坐标系的方格，左侧纵轴表示原始素材所对应的时间，上方横轴为调速后所对应的时间，此时直线斜率为 1，表明播放速度正常，如图 13-31 所示。

图 13-31　激活"图表编辑器"按钮

3）在时间轴面板左下角打开"展开或折叠'图层开关'窗格"，在"时间重映射"右侧出现时间码 `0:00:00:00` 。在时间轴面板左上方输入"115"，将时间指示器定位在 1 秒 15 帧处，使用钢笔工具在斜线与时间指示器交点处添加一个关键帧（如当前为选取工具，可按〈Ctrl〉键后添加关键帧）。将时间重映射右侧的时间码改为 `0:00:01:00` ，可以看到图表编辑器中前段直线更加平缓，斜率变小，表明原始素材 1 秒处的内容在调速后改在 1 秒 15 帧播放，即进行了慢放设置，如图 13-32 所示。

4）使用选取工具在斜线上的 14 秒处添加关键帧，使用鼠标左键按住关键帧不放，向左移动至横轴 6 秒处松开，表明原始素材 14 秒处的内容调速后在 6 秒处播放，斜线更加陡峭，斜率变大，即进行了快放设置，如图 13-33 所示。

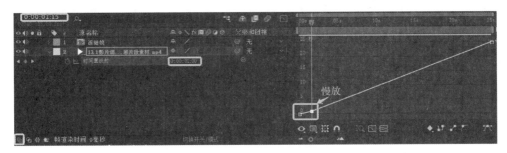

图 13-32　设置 0 秒至 1 秒 15 帧慢放效果

图 13-33　设置 1 秒 15 帧至 14 秒快放效果

5）关闭时间轴面板上方的"图表编辑器"按钮，可以看到时间轴面板中关键帧同步产生。按空格键继续播放，观察画面效果，看到运动员奋力拼搏的快放场景。将时间指示器移至 19 秒处，在运动员飞身击球的最高处添加关键帧，此时时间重映射右侧的时间码为 0:00:21:13；将时间指示器移至 19 秒 01 帧处，再次添加一个关键帧，将时间重映射右侧的时间码设置为 0:00:20:20，实现画面在一帧的时间内快速倒放，回到运动员起跳的状态，如图 13-34 所示。

图 13-34　设置画面快速倒放效果

6）继续播放画面，在时间重映射时间码为 0:00:21:13 处添加关键帧；将时间指示器向后移动一帧，再次添加关键帧，将时间重映射时间码设置为 0:00:20:20，重复运动员原地起跳的踢球动作，如图 13-35 所示。

图 13-35　重复运动员原地起跳踢球动作

7）激活时间轴面板上方的"图表编辑器"按钮，打开"编辑值图表"，可以看到锯齿形的线段，其中斜率为负值时为倒播效果，如图 13-36 所示。

8）制作运动员击球的定格动作。使用鼠标移动时间指示器，在时间重映射右侧时间码显示为 0:00:21:13 时，为时间指示器与斜线的交点添加关键帧；将时间指示器向后移动 1 秒，再次添加关键帧，并使用鼠标将其与前一关键帧拖拽至水平状态，即画面定格一秒钟，如图 13-37 所示。

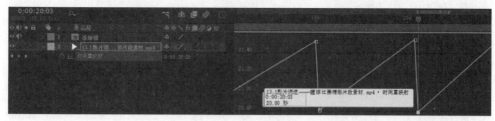

图 13-36　编辑值图表

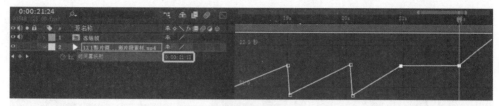

图 13-37　制作运动员定格动作

9）在时间轴面板右侧空白处单击鼠标右键，选择"编辑速度图表"，水平线在 0~1 之间为慢放，大于 1 为快放，小于零为倒放，数值等于零为定格，接近 1 时播放速度基本正常，如图 13-38 所示。

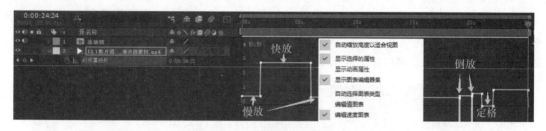

图 13-38　编辑速度图表

任务 13.9　预览效果并处理声音信号

1）关闭图表编辑器，按空格键预览，如果对效果不满意，可以调整关键帧的位置，例如将三次腾空击球的第 1 组关键帧全部选定移至 16 秒处；将第 2 组击球动作选定后移至 18 秒处；将定格动作移至 20~21 秒之间。关键帧可根据调速需要移动位置，也可以将全部关键帧选中按〈F9〉键转为缓动后，在图表编辑器中根据作品需要进一步调速，如图 13-39 所示。

图 13-39　根据作品需要进一步调速

2）打开时间轴面板上方的"帧混合"开关为图层 2 添加"帧混合"效果。再次单击改为"像素运动"，使调速后的画面更加平滑，如图 13-40 所示。

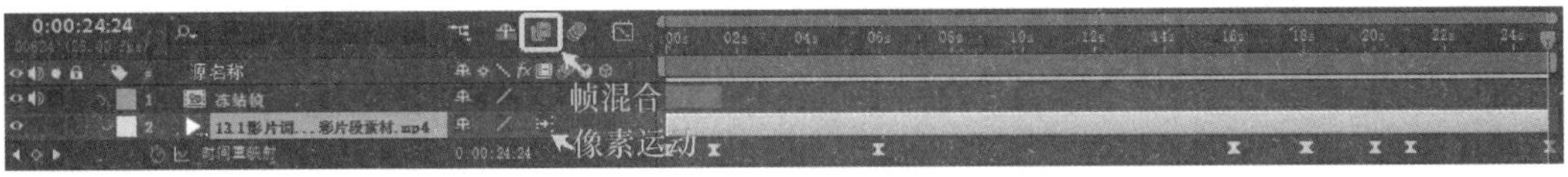

图 13-40　添加"像素运动"效果

3）由于速度进行了调整，原始声音也发生了变化，可为作品添加背景音乐，或在音频处理软件中，对原始声音进行处理后使用，如图 13-41 所示。对效果满意后，按〈Ctrl+S〉键保存工程文件，按〈Ctrl+M〉键渲染输出。

图 13-41　添加背景音乐

【项目小结】

本项目讲解了影片的速度调整方法。通过"时间伸缩"命令，可对素材进行整体调速，设置慢放、快放、倒放等播放状态；利用"时间重映射"命令，可对影片进行局部调速设置，实现快放、倒放、定格、局部重复播放等播放状态；还可以通过时间控制中的"冻结帧"命令，对画面中的某一帧进行定格；通过"时间反向图层"命令设置画面内容倒播效果。

在 AE 软件中，调整影片速度的方法多种多样，可根据实际需要选择合适的方法进行整体或局部速度调整；同时借助图表编辑器的不同类型，观察时间重映射效果中关键帧的设置情况，了解调速后的播放状态；可启用不同类型的帧混合，改善调速后画面播放的平稳性。

【技能拓展：应用"冻结帧"制作动画效果】

制作要求如下。

1）掌握"冻结帧"命令的使用方法。

2）使用冻结帧设计制作画面定格的效果。

3）通过复制图层和绘制蒙版，制作创意新颖的冻结帧动画效果。

【课后习题】

一、单选题

1. 使用下列（　　）命令可以控制视频画面整体快放和慢放。

A. 时间伸缩　　　　　B. 时间轴　　　　　C. 时间码　　　　　D. 时间反向图层

2. 在"时间伸缩"对话框中将拉伸因数调至 50%，此时，影片的新持续时间为原片时长的（　　）。

A. 两倍　　　　　　　B. 一半　　　　　　C. 50 倍　　　　　　D. 五分之一

二、多选题

1. Timewarp（时间扭曲）特效可以在改变图层的播放速度时，精确控制很多参数，包括（　　），以去除不需要的修饰痕迹。

A. 插值方法　　　　　B. 运动模糊　　　　C. 剪切源素材　　　　D. 通道运算

2. AE 软件提供两种类型的帧混合，分别是（　　）。

A. 帧混合　　　　　　B. 像素运动　　　　C. 运动模糊　　　　　D. 预合成

3. AE 软件中"时间重映射"命令可以对影片进行（　　）调整。

A. 快放　　　　　　　B. 慢放　　　　　　C. 静止播放　　　　　D. 反向播放

三、判断题

1. 时间伸缩可为时间轴面板中影片的局部画面进行速度调整。 （ ）

2. 同时包含音频和视频的影片调速后，其音频部分时长与视频部分时长同步变化，不会影响声音效果。 （ ）

3. "时间重映射"命令可对影片进行局部调速，不能进行整体调速。 （ ）

四、简答题

1. 简述慢放镜头和快放镜头的作用。

2. 简述帧混合的作用。

3. 简述"编辑速度图表"中线段对应不同数值的含义。

渲染输出——大功告成

【学习导航】

知识目标	1. 了解渲染队列中各模块参数的作用。 2. 掌握提高渲染速度的常用方法。 3. 掌握导出多种格式音视频成片的方法。 4. 掌握导出静态图像和静态图像序列的方法。 5. 掌握格式工厂软件的使用方法。	
能力目标	1. 能够熟练使用特效软件渲染输出符合要求的成片效果。 2. 能够使用格式工厂软件对音视频、图片、文档等文件进行格式转换。	
素质目标	1. 具有精益求精的工作态度。 2. 具有较强的自主学习能力。	
课前预习	1. 了解音视频作品的应用场景及格式要求。 2. 下载格式工厂软件并安装。	

【项目概述】

影片编辑完成之后，需要渲染输出成片，使作品能够脱离工具软件，在播放器中进行播放。视频成片的用途各不相同，有时会在电视台播出，有时会在计算机或手机上播出，有时会在网络上进行传播，有时需要刻成光盘进行存储。不同用途的视频成片，其视频格式、分辨率、传输速率、文件大小等参数也各不相同。

本项目以"毽球高手"项目为例，在渲染队列面板中设置同时输出 AVI 和 MOV 两种格式的视频成片，以及 PNG 格式序列成片；掌握提高渲染速度的常用方法；介绍在 AE 软件中如何进行输出参数设置，以满足视频成片不同用途的参数设置要求。

【知识点与技能点】

AE 软件能够输出多种不同格式的成片效果，除了能够输出音视频格式外，还可以输出静态图像（即单帧）和静态图像序列，也可以直接导出为 Adobe Premiere Pro 项目。

微课视频

14.1   收集文件

项目制作完成后，选择"文件">"整理工程（文件)">"删除未用过的素材"，可将项目面板中没有使用的素材删除；选择"文件">"整理工程（文件)">"收集文件"命令，可将项目或合成中所有文件的副本收集到一个文件夹中，方便项目存档或将项目移至不同的计算机系统或用户，如图 14-1 所示。

在"收集文件"对话框中，"收集源文件"有五个选项。

● 全部：收集所有素材文件，包括未使用的素材和代理。

- 对于所有合成：收集项目内所有合成中使用的所有素材文件和代理。
- 对于选定合成：收集项目面板内当前选定的合成中使用的所有素材文件和代理。
- 对于队列合成：收集在渲染队列面板中状态为"已加入队列"的合成中直接或间接使用的所有素材文件和代理。
- 无（仅项目）：将项目复制到新位置，而不收集任何源素材，如图 14-2 所示。

图 14-1　收集文件　　　　　　　　　　　　　图 14-2　"收集文件"对话框

单击"收集"按钮，弹出"将文件收集到文件夹中"对话框，可以命名文件夹，并指定收集文件夹的位置，AE 软件将指定的文件复制到其中，文件夹层级与项目中的文件夹和素材项的层级相同，如图 14-3 所示。

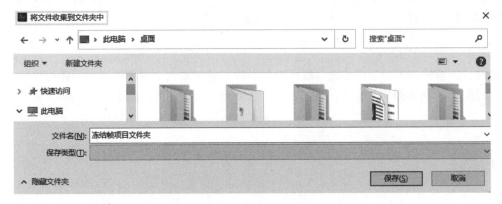

图 14-3　"将文件收集到文件夹中"对话框

14.2　渲染和导出音视频成片

从 AE 软件渲染和导出影片的主要方式是使用渲染队列面板。选择"文件">"导出">"添加到渲染队列",或选择"合成">"添加到渲染队列",或按〈Ctrl+M〉快捷键,可将时间轴面板中激活的合成添加到渲染队列,等待渲染输出,如图 14-4 所示。

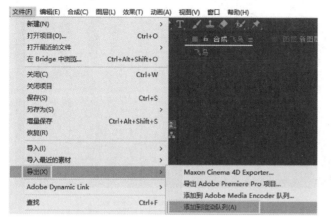

图 14-4 添加到渲染队列

在"输出到"中设定成片保存的位置和名称,勾选最左侧的"渲染"选项,确认该合成加入渲染队列,单击渲染队列面板右上角的"渲染"按钮,将按照渲染队列面板中的排列顺序渲染所有状态为"已加入队列"的项,如图 14-5 所示。

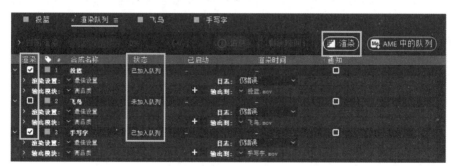

图 14-5 渲染队列

在渲染队列面板中,每个渲染项都有自己的参数设置,包括渲染设置、输出模块、日志和输出到四个模块。

1. 渲染设置

默认情况下,渲染项的渲染设置基于当前项目设置、合成设置以及该渲染项所基于合成的切换设置。可以修改每个渲染项的参数,对渲染设置进行修改。

单击渲染队列面板中"渲染设置"右侧的三角形,从菜单中选择模板,可将渲染设置模板应用于选定的渲染项,如图 14-6 所示。

单击渲染队列面板中"渲染设置"旁边的渲染设置模板名称,或选择"渲染设置"菜单中的"自定义",弹出"渲染设置"对话框,对渲染项的渲染参数进行设置,如图 14-7 所示。

- 品质:用于所有图层的品质设置。"最佳"设置用于渲染到最终输出;"草图"设置适用于审阅或测试运动;DV 设置与"最佳"设置相似,但打开了"场渲染",并设置为"低场优先";"多机"设置与"最佳"设置相似,但选择了"跳过现有文件"以启用多机渲染。

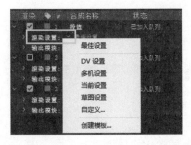

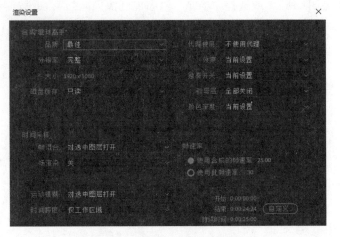

图 14-6　渲染设置　　　　　　　　　　　图 14-7　"渲染设置"对话框

- 分辨率：相对于原始合成大小，以较低的分辨率渲染输出，如果选择较低的分辨率渲染，则"品质"选项应设置为"草图"。因为在降低分辨率的情况下，即便以"最佳"品质渲染，图像也会不清晰，并且浪费更多的渲染时间。

- 磁盘缓存：确定渲染期间是否使用首选项中"媒体和磁盘缓存"定义的磁盘缓存设置。"当前设置"使用该设置；"只读"不会在 AE 渲染期间向磁盘缓存写入任何新帧。

- 代理使用：确定渲染时是否使用代理。"当前设置"将使用每个素材项的设置。

- 效果："当前设置"（默认）使用"效果"开关的当前设置。选择"全部开启"则渲染所有应用的效果；选择"全部关闭"则不渲染任何效果。

- 独奏开关："当前设置"（默认）将使用每个图层独奏开关的当前设置；选择"全部关闭"，则按所有独奏开关均关闭时的状态渲染输出成片。

- 引导层："当前设置"渲染最顶层合成中的引导层；选择"全部关闭"（默认设置），则不渲染引导层；不能渲染嵌套合成中的引导层。

- 颜色深度：选择"当前设置"（默认）使用项目颜色位深度；或根据制作需要选择颜色位深度。

- 帧混合：选择"当前设置"（默认）将使用每个图层帧混合的当前设置；无论合成的"启用帧混合"如何设置，"对选中图层打开"只对设置了"帧混合"开关的图层渲染帧混合；选择"对所有图层关闭"则按关闭所有图层帧混合的状态进行渲染，图层开关和合成开关对其没有影响。

- 场渲染：确定用于已渲染合成的场渲染技术。默认为"关闭"状态，通常标清格式为"低场优先"，高清格式为"高场优先"，可根据具体情况进行选择。

- 运动模糊："当前设置"将使用"运动模糊"图层开关和"启用运动模糊"合成开关的当前设置；无论合成的"启用运动模糊"如何设置，"对选中图层打开"只对设置了"运动模糊"图层开关的图层渲染运动模糊；"对所有图层关闭"在关闭运动模糊的情况下渲染所有图层，图层开关和合成开关对其没有影响。

- 时间跨度：指要渲染输出作品的具体内容。选择"合成长度"则渲染整个合成；选择"仅工作区域"则渲染由工作区域标记指示的时间区域；选择"自定义"选项可在弹出的"自定义时间范围"对话框中，根据需要设置起始时刻、结束时刻或持续时间，如图 14-8 所示。

- 帧速率：渲染影片时使用的采样帧速率。"使用合成的帧速率"即使用在"合成设置"对话框中指定的帧速率；"使用此帧速率"则由用户根据作品需要自行设置帧速率，此时合成的实际帧速率保持不变。经过编码的最终影片帧速率由输出模块设置决定。

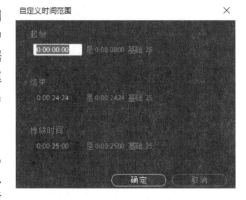

图 14-8 "自定义时间范围"对话框

2. 输出模块

输出模块用于对输出文件或文件序列指定输出格式。输出模块设置指定最终输出的文件格式、颜色配置文件、对画面大小进行调整和裁剪，在"格式选项"中设置音视频编解码器等，如图 14-9 所示。

- 格式：通过下拉列表选择作品的输出格式，如图 14-10 所示。

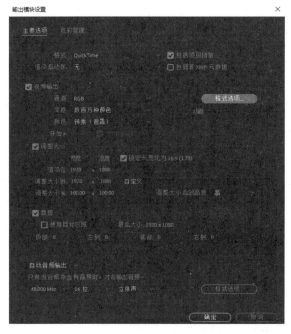

图 14-9 "输出模块设置"对话框

图 14-10 "格式"下拉列表

- 渲染后动作：渲染完成之后执行的动作，包括"无""导入""导入和替换用法""设置代理"四个选项。"无"不执行任何渲染后动作，此选项为默认值；"导入"在渲染完成后将渲染的文件作为素材项导入项目；"导入和替换用法"将渲染的文件导入项目，并将其替换为指定的项。将关联器拖到项目面板中要替换的项上以指定该项；"设置代理"将渲染的文件设置为指定项的代理，将关联器拖到项目面板的项上以指定该项。
- 包括项目链接：指定是否在输出文件中包括链接到源 AE 项目的信息。在其他应用程序（如 Adobe Premiere Pro）中打开输出文件时，可以使用"编辑原稿"命令在 AE 软件中编辑源项目。
- 包括源 XMP 元数据：指定是否在输出文件中包括用作渲染合成的源文件中的 XMP 元数据。XMP 元数据可以通过 AE 软件从源文件传递到素材项、合成，再传递到渲染和导出的文件。对于所有默认输出模块模板，"包括源 XMP 元数据"默认处于取消选择状态。

- 通道：输出影片中包含的通道，包括"RGB""Alpha""RGB+Alpha"三个选项。"RGB"不包含 Alpha 通道；"Alpha"只输出 Alpha 通道；"RGB+Alpha"将输出具有 Alpha 通道的影片。并非所有编解码器均支持 Alpha 通道。
- 深度：输出影片的颜色深度。默认为"数百万种颜色"。某些格式可能限制深度和颜色设置。
- 颜色：指定使用 Alpha 通道创建颜色的方式。从"预乘（有遮罩）"或"直接（无遮罩）"中选择。
- 开始 #：当输出格式为序列时，指定序列起始帧的编号。例如，如果此选项设置为 21，则 AE 软件会将第一帧命名为［文件名］_00021；"使用合成帧编号"选项会将工作区域的起始帧编号添加到序列的起始帧中。注意，此选项只有在"格式"选择"××序列"时才被激活，默认选择"使用合成帧编号"，取消该选项后，方可设置"开始 #"参数。
- 调整大小：指定输出影片的分辨率，可手动修改宽度和高度的像素值，或在右侧的下拉列表框中选择符合要求的预设。选择"锁定长宽比为"可在调整时保持现有帧的长宽比。在渲染测试时将"调整大小后的品质"设置为"低"；在创建最终影片时选择"高"。
- 裁剪：用于设置在输出影片的顶部、左侧、底部和右侧边缘减去或增加像素行数或列数，正值进行裁剪，负值进行添加；选择"使用目标区域"时仅导出在合成或图层面板中选择的目标区域。
- 音频输出：指定采样频率、采样深度（8 位、16 位或 32 位）和播放格式（单声道或立体声）。"关闭音频输出"则不输出音频信号。

3. 日志

确定如何创建日志和写入渲染日志文件的信息量，包括"仅错误""增加设置""增加每帧信息"三个选项。"仅错误"仅在渲染期间遇到错误时创建日志文件；"增加设置"将创建日志文件，其中列出当前渲染设置；"增加每帧信息"将创建日志文件，其中列出当前渲染设置和每个帧的渲染信息。

4. 输出到

单击渲染队列面板中"输出到"右侧的下拉箭头，打开文件命名模板，可以选择输出文件的名称格式，如图 14-11 所示。

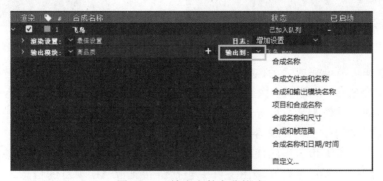

图 14-11　输出文件名称格式

单击"输出到"旁边的蓝色文本，将弹出"将影片输出到"对话框，可选择文件的存储位置，并为文件命名，如图 14-12 所示。

单击"输出到"前面的加号/减号键，可以增加/删除该渲染项目的输出模块，将同一合成渲染为不同的格式或使用不同的参数设置进行渲染，单击"渲染"按钮可一次输出不同格式的作品，如图 14-13 所示。

图 14-12　"将影片输出到"对话框

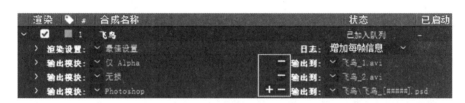

图 14-13　设置同时输出不同格式作品

　　渲染完成后，"状态"更改为"完成"，"输出到"旁边的蓝色文本变为白色，但项目仍然位于渲染队列面板中，直到从渲染队列面板中删除。已经完成渲染的项目不能再次渲染，但是可以复制它以便使用相同的设置或使用新的设置在队列中创建新项，如图 14-14 所示。

图 14-14　渲染完成

　　视频成片输出后，可通过格式工厂等格式转换软件，对视频进行格式转换和文件压缩。此外，安装 Adobe Media Encoder 插件，也可以在 AE 软件中直接处理，同时支持渲染输出多种视频格式。

14.3　导出 Adobe Premiere Pro 项目

　　选择"文件"菜单"导出"中的"导出 Adobe Premiere Pro 项目"，将项目导出为 Adobe Premiere Pro 项目，如图 14-15 所示。此时只保存项目信息而不进行渲染，可在 Adobe Premiere Pro 软件中打开该项目。

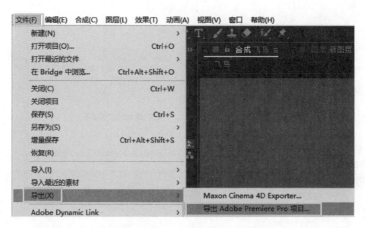

图 14-15　导出 Adobe Premiere Pro 项目

14.4　渲染和导出静态图像

可以根据需要输出时间指示器所在的当前帧。将时间指示器移至需要输出单帧的时间点，在"合成"菜单中打开"帧另存为"，选择"文件"、"Photoshop 图层"或"ProEXR"输出单帧，即静态图像，如图 14-16 所示。

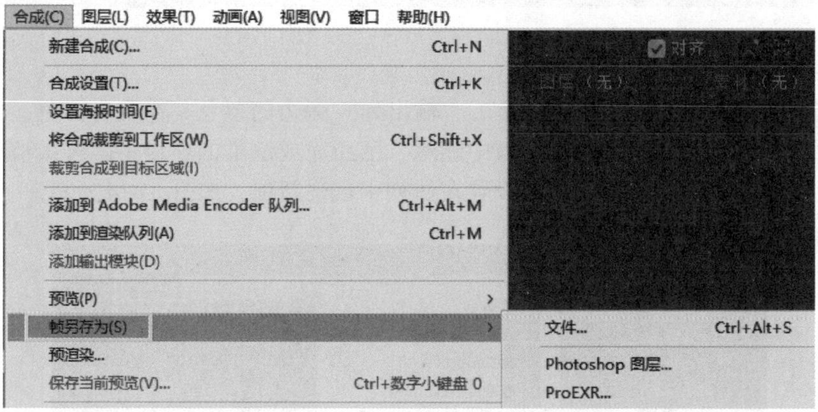

图 14-16　渲染和导出静态图像

选择"文件"或按快捷键〈Ctrl+Alt+S〉，将合成添加到渲染队列，可在渲染设置、输出模块中对相关参数进行修改，选择合适的图片输出格式；在"输出到"中选择文件存储位置和文件命名格式。

选择"Photoshop 图层"，弹出"另存为"对话框，设置文件名称，选择存储位置，直接保存即可。"Photoshop 图层"命令可在生成的 Photoshop 文件中保留 AE 合成的单个帧中的所有图层；嵌套合成（最深五级）以文件夹的形式保存在 PSD 文件中；PSD 文件从 AE 项目中继承颜色位深度，如图 14-17 所示。

选择 ProEXR，弹出 ProEXR 对话框，设置文件名称，选择存储位置；单击"保存"按钮后，弹出 ProEXR 输出设置对话框，如图 14-18 所示。

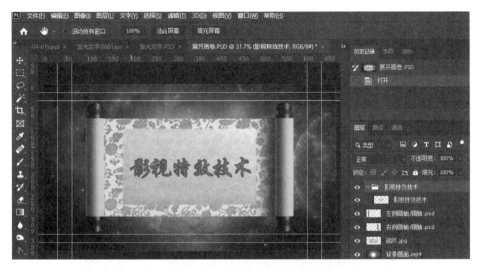

图 14-17　保存为 PSD 文件

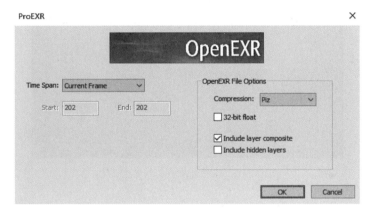

图 14-18　ProEXR 输出设置对话框

　　导出后的文件为 EXR 格式，可使用 Photoshop 软件打开，该文件格式也可以保存 Alpha 通道，如图 14-19 所示。

图 14-19　保存为 EXR 文件

14.5   渲染和导出静态图像序列

影片制作完成后，作品可以作为静态图像序列导出，此时影片的每一帧分别作为单独的静态图像输出，可在 Photoshop 中进行逐帧修饰，也可作为素材在 3D 动画中使用，或者输出到胶片进行播放。AE 软件输出模块中包含多种序列格式，其中 PNG、Photoshop、TIFF、Targa 等序列格式能够保留 Alpha 通道，可以根据输出需要选择使用，如图 14-20 所示。

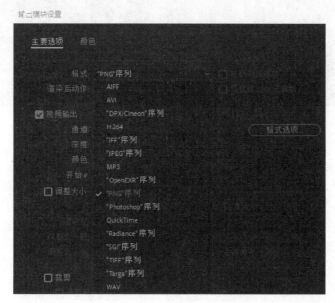

图 14-20   渲染和导出静态图像序列

14.6   提高渲染速度的方法

在不降低作品输出质量的前提下，可以尝试通过以下方法提高渲染速度。

（1）提高计算机性能，增加内存容量

AE 等媒体软件在运行时占用内存较多，可以根据自己的实际情况，提高计算机性能，优化操作系统，扩充内存容量，提高计算机的工作效率。

也可以在"首选项"对话框的"媒体和磁盘缓存"选项卡中进行适当的设置，不要将文件存储在系统盘中，并且定期进行清空磁盘缓存的操作，如图 14-21 所示。

通过"编辑">"清理"子菜单中的各种选项，也可以释放内存，提高渲染速度，如图 14-22 所示。

（2）锁定输出画面

渲染输出时，按大写键〈CapsLock〉，可以将输出画面锁定，不进行播放，以提高渲染速度。

（3）启用多帧渲染

多帧渲染允许 AE 软件在预览和渲染队列导出期间，同时渲染多个帧。选择"编辑"菜单下"首选项"中的"内存与性能"，可在"性能"下勾选或取消"启用多帧渲染"选项。默认情况下，AE 启用多帧渲染。选中"启用多帧渲染"选项，可以选择保留部分 CPU 运算能力供计算机上的其他应用程序使用，"为其他应用程序保留 CPU"的百分比在 0% ~ 70% 间调整（默认为 10%），如图 14-23 所示。

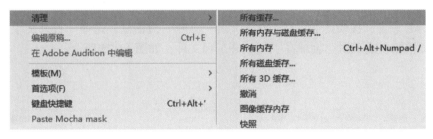

图 14-21 "媒体和磁盘缓存"选项卡

图 14-22 "清理"子菜单

图 14-23 启用多帧渲染

渲染队列面板充分利用多帧渲染，并高亮显示渲染内容、剩余时间、渲染进度以及其使用系统的方式，有助于分析渲染性能和磁盘空间的使用情况，如图 14-24 所示。

图 14-24 分析渲染性能和磁盘空间使用情况

【方法引导】

本项目以"毽球高手"项目为例，分别输出 AVI 格式、MOV 格式、PNG 序列等不同格式的成片效果，输出前进行文件收集，在首选项中启用磁盘缓存，选择空间较大的磁盘进行文件存储，并启用多帧渲染来提高渲染速度。

【项目实施】

任务 14.7　收集文件

制作过程

1）启动 AE 软件，按快捷键〈Ctrl+O〉弹出"打开"对话框，选择"毽球高手"工程文件，单击"打开"按钮；或双击"毽球高手"打开工程文件，如图 14-25 所示。

图 14-25 "打开"对话框

2）选择"文件">"整理工程（文件）">"收集文件"，打开"收集文件"对话框，"收集源文件"选择"全部"，其余参数为默认值，单击"收集"按钮，如图 14-26 所示。

3）在"将文件收集到文件夹中"对话框中，确定文件夹保存的位置和名称，此处采用默认文件名，单击"保存"按钮，将所有文件保存到"毽球高手文件夹"，如图 14-27 所示。

4）保存完成后，会自动打开文件夹，可以看到文件夹中包括一个素材文件夹、以原有名称命名的工程文件和一份保存在记事本中的报告文件，如图 14-28 所示。

图 14-26 "收集文件"对话框

图 14-27　"将文件收集到文件夹中"对话框

图 14-28　保存后的文件夹内容

任务 14.8　设置首选项

1）选择"编辑">"首选项">"媒体和磁盘缓存"，勾选"启用磁盘缓存"，单击"选择文件夹"按钮，选择一个空间比较大的磁盘；单击"清空磁盘缓存"按钮，在弹出的"清除磁盘缓存"对话框中单击"确定"按钮，清空缓存；选择"编辑">"清理"中的各种选项，也可以释放内存，以提高预览速度和渲染速度，如图 14-29 所示。

图 14-29　设置"媒体和磁盘缓存"

2）选择"首选项">"内存与性能"，将"为其他应用程序保留的 RAM"适当减小，为 AE 软件留出更多内存空间；在"性能"中勾选"启用多帧渲染"，将"为其他应用程序保留 CPU"适当减小，可提高渲染速度，如图 14-30 所示。

图 14-30　设置"内存与性能"

任务 14.9 输出 MP4、MOV 格式成片

1）在时间轴面板中的"键球高手"合成名称上单击将其选定，按〈Ctrl+M〉键打开渲染队列面板，可看到"键球高手"合成已添加到渲染队列，当前状态为"需要输出"。单击"输出到"右侧的"尚未指定"，打开"将影片输出到"对话框，选择空间较大的磁盘，单击"保存"按钮，此时"状态"改为"已加入队列"，如图 14-31 所示。

图 14-31 将需要输出的合成添加到渲染队列

2）单击"渲染设置"右侧的"最佳设置"，打开"渲染设置"对话框。将"品质"设置为"最佳"，"分辨率"设置为"完整"，"磁盘缓存"设置为"当前设置"，其他参数保持默认值，如图 14-32 所示。

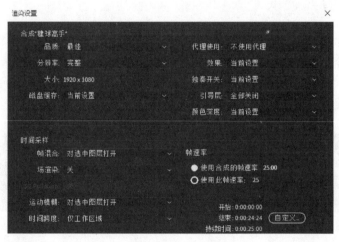

图 14-32 "渲染设置"对话框

3）单击"输出模块"右侧格式名称，打开"输出模块设置"对话框。将"格式"设置为 H.264，其他参数保持默认，单击"确定"按钮。单击"输出到"左侧的〈+〉键，添加输出模块，单击"高品质"，再次打开"输出模块设置"对话框，将"格式"改为 QuickTime，单击"确定"按钮，确定保存位置后，单击面板右侧的"渲染"按钮，可以同时输出两种格式的成片效果，如图 14-33 所示。

图 14-33 同时输出多种格式的成片效果

任务 14. 10　输出 PNG 序列

在时间轴面板中选择"冻结帧"合成将其激活，按〈Ctrl+M〉键添加到渲染队列；在"输出模块"中单击"高品质"，将"格式"设置为"'PNG'序列"。在"输出到"中设置文件的保存位置和名称，也可以按左侧的〈+〉键添加其他类型的输出格式，设置完成后单击"渲染"按钮，如图 14-34 所示。

图 14-34　输出 PNG 序列

注意：AE 软件输出的 PNG 序列并不能够保存通道信息，仍然带有原背景，可以选择适当的抠像效果删除背景。

任务 14. 11　输出 JPG 格式单帧静态图像

将时间指示器移至 19 秒处，按〈Ctrl+Alt+S〉键，或选择"合成">"帧另存为"，选择适当的存储位置，在"输出模块"设置中，将"格式"改为"JPEG"序列，可输出当前时间指示器所在位置的 JPG 格式单帧静态图像，如图 14-35 所示。

图 14-35　输出 JPEG 格式静态图像

【项目小结】

本项目介绍了 AE 软件的渲染输出设置功能和提高渲染速度的常用方法，在渲染队列中可以对输出文件的品质、分辨率、输出格式等相关参数进行设置；文件输出后，可在格式工厂等格式转换软件中，根据作品格式需求进行格式转化，以保证成片效果符合制作要求。

【技能拓展：渲染输出大对比】

创作思路：利用一个制作完成的项目文件，练习输出不同格式或不同参数的音视频文件。

制作要求如下。

1）输出不同格式的音视频文件、静态图片和静态图片序列，进行对比总结。

2）在选择同一种格式的情况下，改变输出参数，将输出影片的质量、文件大小和所需时间进行对比总结。

3）使用格式工厂软件，对渲染输出的成片进行格式转换。在不同的输出参数设置下，在文件属性中对比输出视频的详细参数信息，并对转换效果进行评估。

【课后习题】

一、单选题

1. 将合成添加到渲染队列的快捷键是(   )。

A.〈Ctrl+A〉 　　　　 B.〈Ctrl+S〉 　　　　 C.〈Ctrl+Alt+M〉 　　　 D.〈Ctrl+M〉

2. 渲染输出时，按(   )键可以将输出画面锁定，以提高渲染速度。

A.〈CapsLock〉 　　　 B.〈Ctrl〉 　　　　　 C.〈Alt〉 　　　　　　　 D.〈Ctrl+Alt〉

3. 项目制作完成后，使用(   )功能，可将项目或合成中所有文件的副本收集到一个位置用于存档。

A. 查找 　　　　　　　 B. 收集文件 　　　　　 C. 保存当前预览 　　　 D. 创建代理

二、多选题

1. 在渲染队列中，每个渲染项都包括(   )模块。

A. 渲染设置 　　　　　 B. 输出 　　　　　　　 C. 日志 　　　　　　　 D. 输出到

2. 下列图片格式中能够保存 Alpha 通道的有(   )。

A. JPEG 　　　　　　　 B. PNG 　　　　　　　 C. TIFF 　　　　　　　 D. TGA

3. 对文件进行压缩的目的是(   )。

A. 缩小影片的画面尺寸 　　　　　　　　　　　 B. 缩小影片文件的大小

C. 高效地存储、传输和播放影片 　　　　　　　 D. 使影片更加清晰

三、判断题

1. AE 软件输出影片时，首先激活需要输出的合成，然后将合成添加到渲染队列，设置输出参数，指定文件保存的位置，单击"渲染"按钮输出文件。　　　　　　　　　　　　　　　　　　　(   )

2. AE 软件渲染输出成片后格式就不能再改变了。　　　　　　　　　　　　　　　　(   )

3. 选择"Photoshop 图层"输出单帧时，不能输出嵌套合成文件。　　　　　　　　(   )

四、简答题

1. 简述如何渲染和导出静态图像。

2. 简述如何渲染和导出静态图像序列。

3. 在不降低作品质量的前提下，提高渲染速度的常用方法有哪些？

综合项目篇

项目 15　综合训练——电闪雷鸣、保护动物

【学习导航】

能力目标	影视特效——电闪雷鸣： 1. 能够使用不同媒体软件中的图片素材进行合成处理。 2. 掌握常用特效命令的参数内涵，并根据需要进行参数设置，制作出符合要求的特技效果。 3. 能够熟练使用蒙版技术控制画面的效果区域。 4. 能够使用调色命令对画面进行颜色调整。 公益广告——保护动物： 1. 掌握常用插件的安装方法。 2. 理解 Form 效果中参数的含义，合理设置相关参数。 3. 熟练掌握 AE 软件常用效果的使用方法。 4. 掌握重复性多任务的高效制作方法。
素质目标	1. 具有较强的艺术修养和创新创意能力。 2. 增强动物保护意识，与大自然和谐共处。
课前预习	影视特效——电闪雷鸣： 1. 复习在 Photoshop 软件中图片合成的制作方法。 2. 复习高级闪电、下雨、粒子效果的使用方法。 公益广告——保护动物： 1. 复习 Form、分形杂色、发光等效果的使用方法。 2. 通过网络了解加勒比僧海豹、金蟾蜍和爪哇虎等动物灭绝的原因。

【项目概述】

　　影视特效制作是影视和广告作品中不可或缺的一部分，尤其在对视觉效果要求越来越高的当下，特技效果的优劣直接影响到作品的整体质量。本项目设计两个综合案例，通过模拟真实的制作流程和环境，深入了解并掌握影视特效制作的全过程，提升专业技能和创新能力。

【方法引导】

　　本项目第一个任务是在 AE 软件中使用光束、高级闪电、下雨和粒子等特效命令，配合打雷、下雨等声音素材，制作电闪雷鸣的合成效果。首先，通过两张原始图片，制作峡谷中乌云密布的背景素材；然后，利用光束和高级闪电特效，配合打雷的声音素材，制作电闪雷鸣的效果；接着，利用模拟效果中的相关特效命令，制作下雨和雨滴打在镜头上的效果；最后，通过关键帧的设置，制作闪电从天而降的霹雳效果，使画面更具冲击力和观赏性。

　　本项目第二个任务是以动物保护为主题制作公益广告，利用红巨星插件中的 Form 效果，分

别制作加勒比僧海豹、金蟾蜍和爪哇虎模型汇聚和分散的效果；利用分形杂色、发光等效果，制作文字出现和消失的效果，提醒人们保护动物，珍爱生命。

【项目实施】

任务 15.1　影视特效——电闪雷鸣

项目效果　　制作过程

15.1.1　在 Photoshop 中对原始素材进行合成

1）本项目提供"乌云"和"山谷"两张原始素材图片，需要用"乌云"素材的上半部分替换"山谷"素材的天空部分。打开 Photoshop，导入乌云和山谷两张原始素材图片，如图 15-1 所示。

2）在工具栏中选择移动工具，单击鼠标左键选中"乌云"图片，将其拖拽到"山谷"图片上，释放鼠标左键，将"乌云"素材以图层的形式导入"山谷"素材，将图层名称改为"乌云"，如图 15-2 所示。

图 15-1　在 PS 软件中导入素材图片

图 15-2　图片合成

3）选择"乌云"图层，按〈Ctrl+T〉键，打开自由变换属性，单击"保持长宽比"按钮，将宽度或高度的比例设置为 70%，单击右侧的"提交变换"按钮或按〈Enter〉键进行确认。使用选择工具适当移动乌云图片的位置，使图片上方的乌云部分能够覆盖"山谷"背景图层的天空部分，如图 15-3 所示。

4）选择"乌云"图层，单击图层面板右下方的第 3 个按钮 ，为图层添加"图层蒙版"。在工具栏中选择"渐变工具"，设置渐变颜色为从黑到白的渐变，在图层面板中选择"乌云"图层的"图层蒙版缩览图" ，从画面中间向上垂直拖拽鼠标，通过黑白渐变控制蒙版的透明区域，使乌云图片下半部分透明，上半部分不透明，如图 15-4 所示。

5）在图层中选择"乌云"的图层蒙版，在工具栏中选择画笔工具，将前景色设置为黑色，背景色设置为白色；将笔刷设置为直径 200 左右的柔边圆形笔刷，在山峰的边缘将多余的乌云擦除，露出清晰的山峰边缘轮廓。如果不小心擦除了山峰轮廓外面的区域，可以在英文状态下按〈X〉键，将前景色和背景色互换，即将前景色设置为白色，使用画笔工具在山峰的轮廓外部进行擦除，适当调节笔刷的不透明度和流量，还原乌云图片的画面内容，如图 15-5 所示。

注意：图层蒙版在不破坏原始素材的前提下，通过黑白渐变对素材的不透明区域进行控制，并且可以通过画笔工具对图层蒙版的透明区域进行绘制，精细调整图片的显示区域。

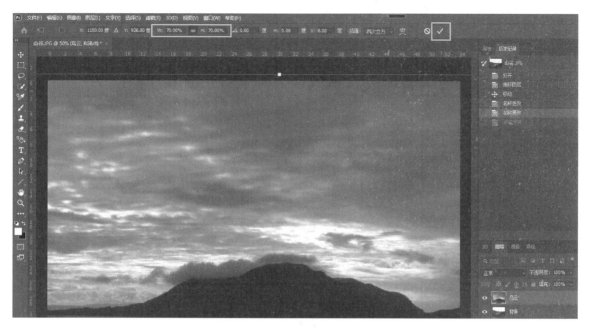

图 15-3　调整"乌云"图层比例

图 15-4　为图层蒙版添加黑白渐变

6）效果满意后保存为 .psd 格式，命名为"背景素材"，存入项目素材文件夹中，同时输出 .jpg 格式的图片素材，为后续项目制作做好准备，如图 15-6 所示。

注意：素材以 .psd 格式导入 AE 软件后，如果需要修改，可以在 Photoshop 中打开保存好的 .psd 格式文件进行修改，保存后即可在 AE 软件中同步更新。如果导入的是 .jpg 格式的素材，就不能实现这样的联动效果了。

图 15-5　调整蒙版区域使山峰边缘轮廓清晰

图 15-6　保存为 . psd 格式

15.1.2　导入素材并新建合成

1）打开 AE 软件，将"背景素材"文件导入项目面板，在弹出的菜单中选择"合成">"合并图层样式到素材"，即可将 . psd 文件以合成方式导入 AE 软件。按〈Ctrl+N〉键新建合成，"预设"选择"HD · 1920×1080 · 25fps"，"持续时间"为 10 秒。将"合成名称"改为"电闪雷鸣"，如图 15-7 所示。

2）将"背景素材"拖入合成，同时按下"适合复合宽度"快捷键〈Ctrl+Alt+Shift+H〉，调整图片大小，使其与合成的宽度相吻合。由于背景图片的高光部分很明显，为其添加"效果">"颜色校正">"曲线"效果，并在 RGB 通道下将曲线的右端点向下拖拽，即降低图片高光处的亮度，调节出乌云密布的效果，如图 15-8 所示。

图 15-7　合成设置

图 15-8　"曲线"效果

15.1.3　制作光束效果

1）新建纯色层，命名为"光束 1"，为其添加"效果">"生成">"光束"，将光束"起始点"设置在屏幕的正上方，"结束点"设置在图片素材的地面处，"长度"设置为 100%，"起始厚度"和"结束厚度"均设置为 15，"柔和度"设置为 100%，如图 15-9 所示。

图 15-9　设置光束"起始点"和"结束点"

2）设置"内部颜色"为接近白色的淡蓝色（H:198，S:25，B:100），"外部颜色"为稍微深一些的蓝色（H:198，S:90，B:100）；添加"效果">"模糊和锐化">"快速方框模糊"效果，

"模糊半径"设置为 10，如图 15-10 所示。

图 15-10　设置光束颜色和模糊效果

3）选择"光束 1"图层，按〈Ctrl+D〉键将"光束 1"复制一份，命名为"光束 2"，将两个图层的叠加模式均改为"相加"，如图 15-11 所示。若时间轴面板中看不到图层叠加模式选项，可以按〈F4〉键将其调出。

图 15-11　设置图层叠加模式

4）选择"光束 2"图层，修改"快速方框模糊"的"模糊半径"为 5，使用鼠标拖拽图层横向边缘的红点，对其进行横向缩放操作，使光束变得细一些。打开"光束 2"图层的缩放属性可以看到，图层的 x 轴缩放数值发生了变化，如图 15-12 所示。

图 15-12　设置"光束 2"图层缩放参数

15.1.4　制作闪电效果

1）新建纯色层，命名为"闪电"，并为其添加"效果">"生成">"高级闪电"，将闪电的长度缩短到与光束等长。将闪电的"源点"设置在屏幕正上方，另一个点设置在光束消失处。此时发现调整后并没有让闪电缩短，闪电的下端依旧延伸到了画面外。把"闪电类型"设置为"击打"，闪电的长度就会随着另一个点的位置变化而变化，如图 15-13 所示。

图 15-13　设置"闪电类型"

2）在"高级闪电"效果控件面板中，将"湍流"设置为 1.5，"分叉"设置为 60%。打开"核心设置"，将"核心半径"设置为 1。打开"发光设置"，将"发光半径"设置为 15，"发光不透明度"设置为 30%，"发光颜色"选择与光束颜色相近的淡蓝色，如图 15-14 所示。

图 15-14　设置"高级闪电"参数

3）此时，因为没有设置动画，所以闪电是静止的，可以拖动"传导率状态"数值，预览闪电的动画效果（后续设置）。将"闪电"图层的叠加模式改为"变亮"，如图 15-15 所示。

图 15-15　设置"闪电"图层叠加模式

4）将"闪电"复制一份，更改其"核心不透明度"为50%，"Alpha障碍"为0.2，"湍流"为3，"分叉"为50%，"衰减"为1.25，如图15-16所示。

图15-16　复制"闪电"图层并修改参数

15.1.5　制作景深效果

1）新建调整图层，或者按〈Ctrl+Alt+Y〉快捷键快速创建调整图层，并命名为"景深"。添加"效果">"模糊和锐化">"摄像机镜头模糊"效果。在效果控件面板中，勾选"重复边缘像素"，可以发现画面整体都变得模糊了。如果只需近处山体变得模糊，可选中钢笔工具，在"景深"图层上绘制遮罩，将近处的山体绘制在遮罩范围内，保留前景模糊效果，如图15-17所示。

图15-17　使用钢笔工具绘制遮罩

2）对蒙版的边缘进行处理，使模糊效果过渡得更加柔和。打开"蒙版"选项，调整"蒙版羽化"为150，"蒙版扩展"为15，适当调整至无明显边缘即可，如图15-18所示。

15.1.6　制作地面流光效果

1）新建纯色层，命名为"噪波"，为其添加"效果">"杂色和颗粒">"分形杂色"效果，将"对比度"设置为150，打开"变换"属性，取消"统一缩放"，将"缩放宽度"设置为50，"缩放高度"设置为170，如图15-19所示。

图 15-18　设置"蒙版"参数

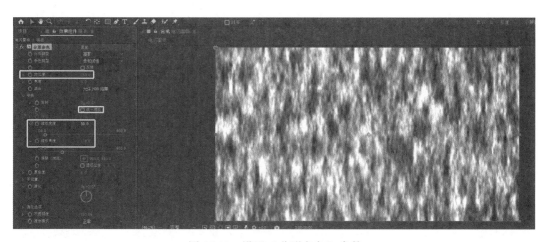

图 15-19　设置"分形杂色"参数

2）选择钢笔工具，为方便观察蒙版的绘制区域，暂时关闭"噪波"图层的显示开关。用钢笔工具绘制一块区域，并将"蒙版羽化"调整为 80，将图层叠加模式改为"相加"，打开"噪波"图层显示开关得到地面流光效果。此时地面流光处于静止状态，在"分形杂色"效果中，在 0 秒处为"变换"属性下的"偏移"添加关键帧，同时为"演化"添加关键帧；将时间指示器移至 10 秒处，将偏移的 y 轴数值缩小为 0，"演化"设置为 3×0.0°，得到了运动的流光效果，如图 15-20 所示。

3）新建调整图层，命名为"地面亮"，为其添加"曲线"效果，将曲线上半部分往上拖拽，让画面变亮，模拟光源将流光区域的地面照亮。选中"地面亮"图层，将其拖拽到"噪波"图层下方，避免其影响到噪波，如图 15-21 所示。

4）此时画面整体都变亮了，需要添加一个蒙版控制变亮的范围。选择"噪波"图层，按〈M〉键调出其蒙版，选中此蒙版按〈Ctrl+C〉快捷键进行复制，再次选择"地面亮"图层，按〈Ctrl+V〉粘贴，得到与"噪波"图层相同的蒙版属性，即只有噪波出现的地方才受到曲线效果的影响。修改"蒙版羽化"为 180，使边缘柔和，如图 15-22 所示。

图 15-20　为地面流光设置动态效果

图 15-21　使用调整图层调节亮度

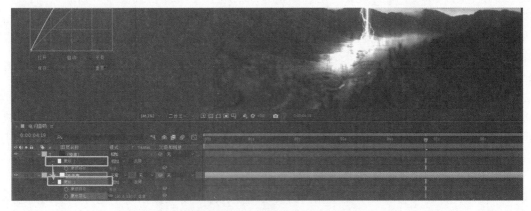

图 15-22　使用蒙版控制变亮范围

15.1.7 对画面进行调色处理

1）进行颜色校正，使整体颜色变得昏暗一些。新建调整图层，命名为"环境色"，并为其添加"曲线"效果。在 RGB 通道中，将曲线右侧上半部分向下拖拽；将红色和绿色通道的曲线向上拖拽；将蓝色通道的曲线向下拖拽，使画面偏黄且略显昏暗，如图 15-23 所示。

图 15-23 使用调整图层对画面进行调色

2）制作屏幕四角的虚光照效果。虚光照是指增亮或调暗画面边缘，此处在软件中制作画面四角变暗的效果。新建黑色纯色层，命名为"虚光照"。选择椭圆工具，在选择"虚光照"图层的同时双击椭圆工具，创建一个与图层等大的椭圆遮罩。打开其"蒙版"属性，勾选"反转"，并调整"蒙版羽化"为 400，"蒙版扩展"为 150。这样就做好了模拟虚光照的效果，如图 15-24 所示。

图 15-24 制作虚光照效果

3）也可以在"环境色"图层上添加"Lumetri 颜色"效果，打开"晕影"属性，设置"数量"为-3，"圆度"为 45，"羽化"为 30，为画面添加虚光照效果，如图 15-25 所示。

图 15-25　使用"Lumetri 颜色"效果制作虚光照

15.1.8　制作光束和闪电动态效果

1）选择"光束"图层，按〈T〉键打开其"不透明度"属性。按住〈Alt〉键的同时单击前面的小秒表，打开表达式输入框，输入：wiggle（4，50）。4 表示抖动的频率，即每秒钟抖动 4 次，50 是指抖动的振幅，即抖动幅度为 50 像素，如图 15-26 所示。

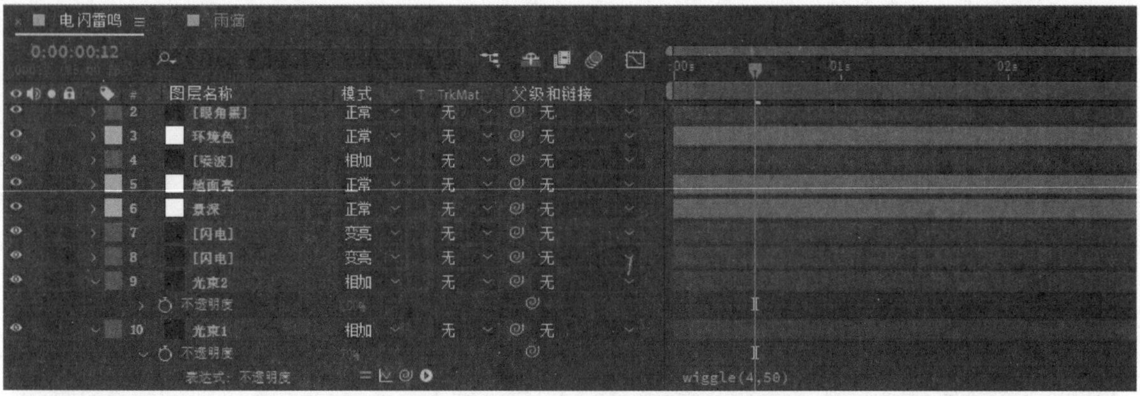

图 15-26　制作光束 1 抖动效果

2）对"光束 2"图层进行同样的操作，为"不透明度"属性添加表达式：wiggle(4,60)。观察效果可以发现，光束在一闪一闪地变化，如图 15-27 所示。

图 15-27　制作光束 2 抖动效果

3）分别选择两个闪电图层，在 0 秒处为"传导率状态"添加关键帧，在 10 秒处设置"传导率状态"均为 10。预览可以观察到闪电的动画效果，如图 15-28 所示。

图 15-28 制作闪电动态效果

15.1.9 制作下雨和雨滴效果

1）新建黑色纯色层，命名为"雨"。为其添加"效果">"模拟">"CC Rainfall"效果，将图层叠加模式改为"相加"，可以看到画面中出现了雨滴落下的效果，调整参数使雨滴数量减少一些，将 Drops 设置为 2000，Wind 设置为 −350。拖动时间指示器预览下雨的效果，如图 15-29 所示。

图 15-29 制作下雨效果

2）按〈Ctrl+N〉快捷键新建合成，命名为"雨滴"。首先制作雨滴的黑白通道贴图，方便之后使用。新建黑色纯色层，命名为"大雨点"，并为其添加"效果">"模拟">"CC Particle World"，如图 15-30 所示。

3）打开 Grid & Guides 属性，关闭 Grid 栅格显示，拖动时间指示器可以预览粒子效果。展开 Particle 属性，将 Particle Type（粒子种类）设置为 Shaded Sphere（阴影球体），将 Birth Size（生成大小）设置为 0.3，Death Size（消失大小）设置为 0，Size Variation（大小差异）设置为 0%，

Max Opacity（最大透明度）设置为100%，如图15-31所示。

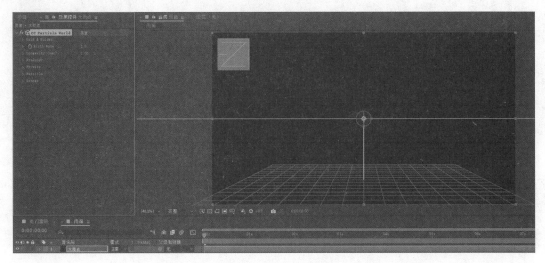

图15-30 为纯色层添加 CC Particle World 效果

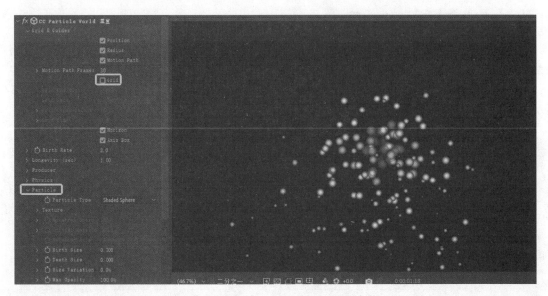

图15-31 设置 CC Particle World 效果参数1

4）将粒子的生成颜色和消失颜色都改为白色；打开 Producer（生成器）属性，将 Radius X 设置为1，Radius Y 设置为0.3，Radius Z 设置为0.5，如图15-32所示。

5）打开 Physics（物理）属性，将 Velocity（速率）设置为0，Gravity（重力）设置为0.02，Resistance（阻力）设置为4；在 Gravity Vector（重力方向）属性中，将 Gravity X（X轴重力）设置为-0.5，让雨点飘落时有一定角度的倾斜；修改粒子生成设置，将 Brith Rate（生成速度）设置为0.3，Longevity（寿命）设置为2，如图15-33所示。

6）将"大雨点"图层复制一份，重命名为"小雨点"。打开其粒子效果面板，将 Longevity（寿命）设置为3；展开 Particle（粒子）属性，将 Birth Size（生成大小）改为0.15。由于复制的粒子运动轨迹有重合现象，在 Extras 属性中将随机种子的数值改为300，以便产生与大雨点不一样的小雨点，如图 15-34 所示。

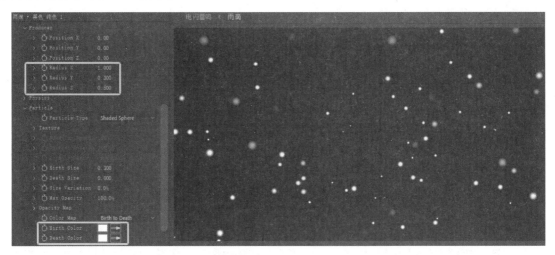

图 15-32　设置 CC Particle World 效果参数 2

图 15-33　设置 CC Particle World 效果参数 3

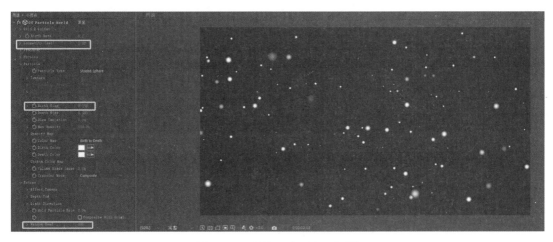

图 15-34　制作"小雨点"图层

7）修改小雨点的 Physics（物理）属性，将 Gravity（重力）改为0.1，Resistance（阻力）改为2，让其运动得快一些，如图15-35所示。

图15-35　修改小雨点属性参数

8）目前雨滴的形状和运动轨迹都太规则了，新建调整图层，为其添加"效果">"扭曲">"湍流置换"效果，将"数量"设置为60，"大小"设置为200，使雨滴的运动轨迹更加自然，如图15-36所示。

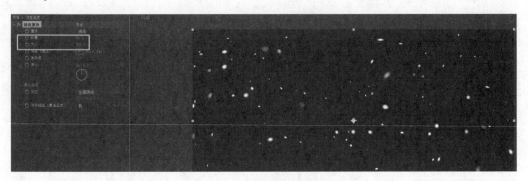

图15-36　添加"湍流置换"效果

9）按〈Ctrl+D〉快捷键将此效果复制一份，用于制作雨滴形状上的形变。"数量"改为80，"大小"改为8，"复杂度"设置为1.2，如图15-37所示。

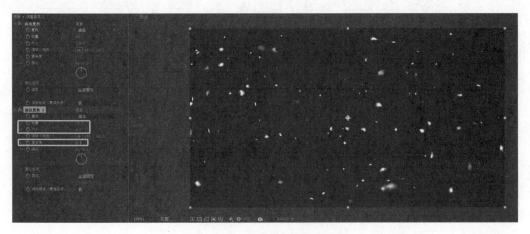

图15-37　设置雨滴形状变化

10）回到"电闪雷鸣"合成，将"雨滴"合成拖入时间轴面板的最底层，并取消图层显示。选择"背景素材"图层，为其添加"效果">"风格化">CC Glass 效果，展开 Surface 属性，将 Bump Map（凹凸贴图）改为"雨滴"图层，Softness（柔滑）设置为 5，Height（高度）设置为 100，Displacement（置换）设置为 300。展开 Shading（阴影）属性，将 Ambient（环境）设置为 100，其余均设置为 0 即可，如图 15-38 所示。

图 15-38　为"背景素材"图层添加 CC Glass 效果

15.1.10　制作闪电从天而降的霹雳效果

1）将"打雷""下雨""雨打在玻璃上"声音素材导入项目面板，并拖入时间轴面板，适当调整音量，如图 15-39 所示。

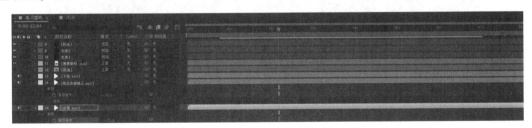

图 15-39　导入声音素材

2）最后，为光束的结束点和闪电的结束点设置关键帧，制作闪电从天而降的霹雳效果，使画面更具冲击力和观赏性。选择"光束 1"图层，在 0 秒处对其光束效果的结束点添加关键帧，并修改结束点为（960，0）；在 5 帧处修改为（960，693），如图 15-40 所示。

图 15-40　为光束 1 结束点设置关键帧

3）框选光束 1 结束点的两个关键帧，按〈Ctrl+C〉快捷键复制；将时间指示器移至 0 秒处，选择"光束 2"图层，按〈Ctrl+V〉快捷键进行粘贴，将动画复制给"光束 2"图层，如图 15-41 所示。

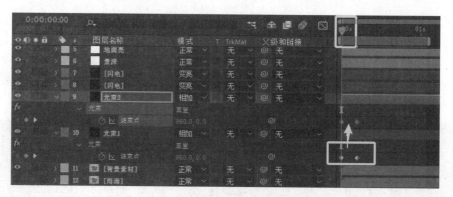

图 15-41　为光束 2 结束点设置关键帧

4）选择"闪电"图层，在 0 帧处对其"方向"添加关键帧，参数为（957，0）；在 5 帧处参数为（957，694）。在 0 帧处，将两个关键帧复制给另一个"闪电"图层，如图 15-42 所示。

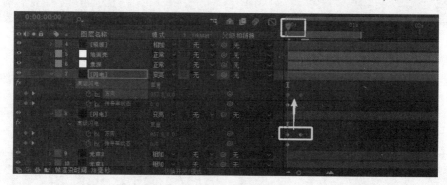

图 15-42　为闪电设置关键帧

5）选择"噪波"图层，打开其蒙版属性，在 5 帧处对其"蒙版扩展"属性添加关键帧，参数为-100；在 1 秒处将"蒙版扩展"参数设置为 0，使噪波区域配合雷声和闪电落地的效果从小到大蔓延开来，如图 15-43 所示。

图 15-43　设置"噪波"图层"蒙版扩展"扩散动画

6）选择"地面亮"图层，打开其蒙版属性，为"蒙版扩展"设置关键帧，在 5 帧处设置"蒙版扩展"为–100，在 1 秒处设置"蒙版扩展"为 0，使地面高亮区域配合噪波、雷声和闪电落地的效果同步从小到大蔓延开来，如图 15-44 所示。至此，电闪雷鸣效果已全部制作完成，按空格键对电闪雷鸣效果进行预览，满意后按〈Ctrl+S〉键保存项目文件，按〈Ctrl+M〉键进行渲染，输出 MP4 格式的成片。

图 15-44　设置"地面亮"图层"蒙版扩展"扩散动画.

任务 15.2　公益广告——保护动物

项目效果　制作过程

15.2.1　制作海豹粒子效果

1）启动 AE 软件，按〈Ctrl+N〉键新建合成，在"合成设置"对话框中，命名为"海豹"，"预设"为"HD·1920×1080·25fps"，"持续时间"设置为 30 秒，单击"确定"按钮。在项目面板中导入"模型"和"背景音乐"素材。按快捷键〈Ctrl+Y〉创建纯色层，命名为"海豹粒子"，如图 15-45 所示。

2）在"窗口"菜单中勾选效果和预设面板，将其打开。在搜索栏中输入"Form"，找到特效 RG TrapCode 下的 Form 效果，使用鼠标将其拖拽到"海豹粒子"图层上。将"模型文件夹"中的 Seal.obj 素材拖入合成面板，并将其前面的显示开关 关掉，将图层隐藏，如图 15-46 所示。

3）选择"海豹粒子"图层，激活效果控件面板，在 Form 效果下打开"基础形式（Base Form）"，选择 3D 模型，将"尺寸 XYZ（Base Form Size XYZ）"修改为 1300，将"3D 模型设置（3D Model Settings）"属性下的"模型（Model）"设为 Seal.obj，按住〈Alt〉键的同时单击"旋转 Y（Y Rotation）"前的秒表，为其添加表达式 time＊40-150，使模型随时间自动旋转。如果希望旋转速度更快，可以将所乘数值增大；改变减数的大小，可以调整海豹的初始姿态，如图 15-47 所示（如果出现 OBJ 模型无法使用的情况，将素材中的 TrapCodeOBJ.aex 插件下载后放到 AE 软件安装目录\Support Files\Plug-ins\TrapCode 文件夹里，重新启动 AE 软件即可）。

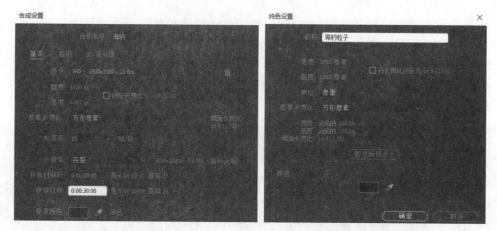

图 15-45　新建合成和纯色层

图 15-46　导入 Seal. obj 素材

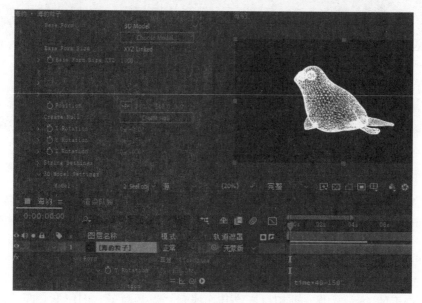

图 15-47　设置"基础形式"参数

4）"粒子来自（Particles From）"设置为顶点，"粒子密度（Particle Density）"设置为70%。将"粒子（Particle）"下的"球体羽化（Sphere Feather）"设置为20，"尺寸（Size）"设置为2，"尺寸随机（Size Random）"设置为0。将时间指示器定位在6秒处，为粒子"透明度"和"透明度随机"添加关键帧，"透明度"设置为100，"透明度随机"设置为75；将时间指示器定位在8秒处，将两个数值都设置为0，制作模型逐渐消失的效果，如图15-48所示。

5）将颜色设置为69D7F7蓝色，"混合模式（Blend Mode）"设置为正常。将时间指示器定位在0秒处，为"分散和扭曲（Disperse and Twist）"下的"分散"添加关键帧，参数设置为

1000；将时间指示器定位在 2 秒处，参数修改为 0，制作粒子逐渐汇聚的效果；将时间指示器定位在 6 秒处，为"分散"添加关键帧，海豹形态保持不变；将时间指示器定位在 8 秒处，将"分散"设置为 1200，制作海豹粒子消散的效果。将"分形域场"下的"影响尺寸"设置为 8，"位移"设置为 5，如图 15-49 所示。

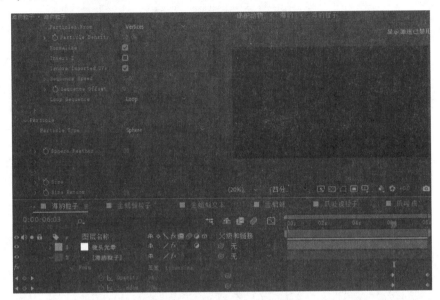

图 15-48　设置"粒子"参数

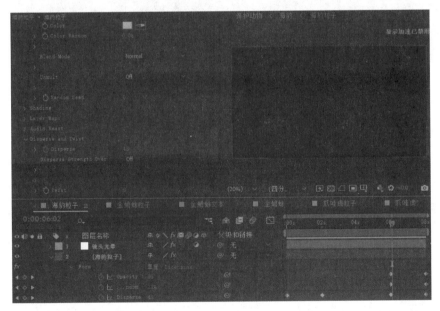

图 15-49　设置"分散和扭曲"动画效果

6）为"海豹粒子"图层添加"发光"效果，"发光阈值"设置为 20，"发光半径"设置为 460，"发光强度"设置为 2，如图 15-50 所示。

7）预览可以看到，海豹粒子逐渐汇聚然后消散，但是背景暗淡。接下来为海豹制作"海洋背景"图层。按快捷键〈Ctrl+Y〉创建纯色层，命名为"海洋背景"，将其拖至所有图层最下方，为其添加"效果">"生成">"梯度渐变"，"渐变起点"坐标设置为（1680.0，1144.0），"起始颜色"设置为 0C010D 深紫色；"渐变终点"设置为坐标（522.0，248.0），"结束颜色"设置为 0E1B3B 深蓝色，制作类似深海的背景，如图 15-51 所示。

图 15-50　设置"发光"效果参数

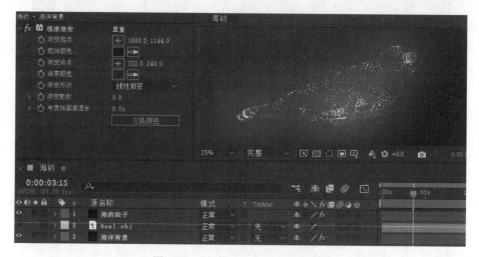

图 15-51　制作"海洋背景"图层

8）为"海洋背景"图层添加"效果">"颜色校正">"Lumetri 颜色"，在"晕影"属性中，将"数量"设置为-1，"中点"设置为 50，"圆度"设置为-20，"羽化"设置为 75，使画面产生虚光照效果，海豹形象更加突出，如图 15-52 所示。

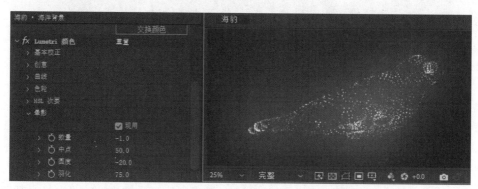

图 15-52　为"海洋背景"图层添加虚光照效果

9）新建调整图层，重命名为"镜头光晕"，为其添加"效果">"生成">"镜头光晕"，模拟阳光透过海面照进水中的效果。设置"光晕中心"参数为（-100，-100），"光晕亮度"为 105，

"镜头类型"选择"105 毫米定焦","与原始图像混合"设置为 50%，将其置于所有图层的最上方，如图 15-53 所示。

图 15-53　添加"镜头光晕"效果

10）按空格键预览可以看到，海豹粒子在深海中由汇聚到消散。按〈Ctrl+A〉键选择所有图层，按〈Ctrl+Shift+C〉键打开"预合成"对话框，"新合成名称"修改为"海豹粒子"。将时间指示器定位在 8 秒处，按〈Ctrl+Shift+X〉键将合成裁剪到工作区时长，如图 15-54 所示。

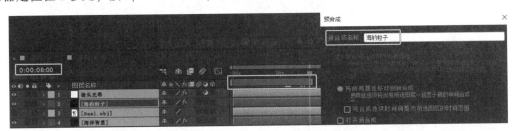

图 15-54　所有图层进行预合成

15.2.2　制作海豹说明文字

1）选择文字工具，在合成面板中拖拽出段落文本框，输入文字"加勒比僧海豹 由于人类 15 世纪以来的捕杀 2008 年 6 月 6 日被宣布从蓝色星球上永远消失"，通过〈Enter〉键调整文字分三行显示。在"窗口"菜单中激活段落面板，双击时间轴面板中的文字图层，将文字全部选中，在段落面板中选择"右对齐"。在字符面板中设置字体为"华文细黑"，填充颜色为 B0E5F6，描边颜色为 8BDEE5，描边宽度为 2 像素。将文字"加勒比僧海豹"进行加粗，使其更加突出，字号为 90，行距为 85，字间距为 50。其余文字字号为 50，行距为 85，字间距为-30。选中文字图层，按〈Enter〉键将文字图层名称改为"海豹文字说明"，并使文字位于画面右下方，如图 15-55 所示。

2）按〈Ctrl+Y〉创建纯色层，颜色为黑色，命名为"噪波"，为其添加"效果">"杂色与颗粒">"分形杂色"效果，设置"对比度"为 2700；将"复杂度"设置为 10；展开"子设置"属性，将"子影响"设置为 100%，"子缩放"设置为 15。将时间指示器移至 2 秒处，将"亮度"设置为 1250，添加关键帧；将时间指示器移至 3 秒处，参数设置为-1300；将时间指示器移至 6 秒处，添加关键帧；将时间指示器移至 8 秒处，参数设置为 1250。将"海豹文字说明"图层的"轨道遮罩"设置为"亮度反转遮罩"，可以看到文字在分型杂色效果的影响下逐渐显示和消失的动画效果，如图 15-56 所示。

3）选中"海豹文字说明"和"噪波"图层，按〈Ctrl+Shift+C〉键进行预合成，命名为"海豹文本"，如图 15-57 所示。

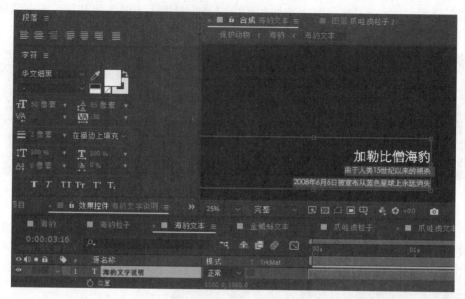

图 15-55　制作海豹说明文字

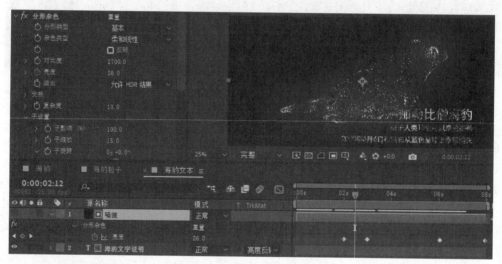

图 15-56　制作"噪波"轨道遮罩

图 15-57　对海豹文本进行预合成

15.2.3　制作金蟾蜍粒子效果

1）在前期制作"海豹"效果的基础上，使用同样的方法制作"金蟾蜍"和"爪哇虎"粒子汇聚和分散的效果。在项目面板中选择"海豹粒子"和"海豹文本"合成，按〈Ctrl+C〉键进行复制，按〈Ctrl+V〉键将复制的合成粘贴在项目面板中，并重命名为"金蟾蜍粒子"和"金蟾蜍文本"，如图 15-58 所示。

2）双击"金蟾蜍粒子"合成打开文件，删除"金蟾蜍粒子"合成中的"镜头光晕"和"海洋背景"两个图层，将"海豹粒子"图层重命名为"金蟾蜍粒子"。在时间轴面板中选择 Seal 图层，在项目面板中选择模型文件夹中的 frog 模型素材，按住〈Alt〉键的同时，使用鼠标左键将其拖拽至时间轴面板的 Seal 图层上进行替换，选择"金蟾蜍粒子"图层，展开效果控件面板，修改 Form 中颜色参数为 FFCC00，使模型呈现金黄色，如图 15-59 所示。

图 15-58　复制图层并重命名

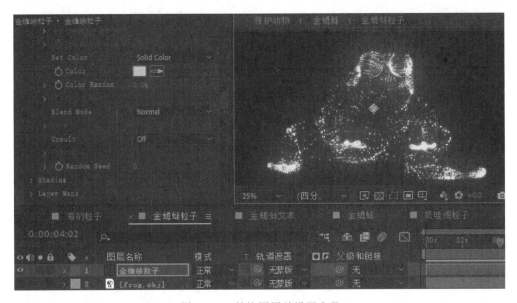

图 15-59　替换图层并设置参数

3）按空格键预览，观察金蟾蜍旋转姿态。选择"金蟾蜍粒子"图层，快速按〈E〉键两次，展开图层表达式，修改表达式为-time×40，即让金蟾蜍从左向右旋转，如图 15-60 所示。

图 15-60　设置金蟾蜍旋转姿态

15.2.4　制作金蟾蜍文本效果

1）双击打开"金蟾蜍文本"预合成，将"海豹文字说明"图层名称改为"金蟾蜍文字说明"。将文字内容逐行修改为金蟾蜍说明文字"金蟾蜍 2007 年 8 月被宣布从地球上灭绝 成为哥斯达黎加第一个因全球变暖而灭绝的物种"。双击文字图层选择所有文字，在段落面板中设置文字左对齐；在字符面板中将文字填充颜色修改为金黄色 FFCC00，不描边，如图 15-61 所示。

图 15-61　制作金蟾蜍文本效果

2）按快捷键〈Ctrl+N〉新建合成，命名为"金蟾蜍"，"持续时间"设置为 8 秒钟，将"金蟾蜍粒子"和"金蟾蜍文本"合成拖入时间轴面板。按空格键进行预览，满意后按〈Ctrl+S〉键进行保存，如图 15-62 所示。

图 15-62　创建"金蟾蜍"合成

15.2.5　制作爪哇虎粒子效果

1）在项目面板中选择"金蟾蜍粒子"和"金蟾蜍文本"合成，按〈Ctrl+C〉键进行复制，按〈Ctrl+V〉键将复制的合成粘贴在项目面板中，并重命名为"爪哇虎粒子"和"爪哇虎文本"，如图 15-63 所示。

图 15-63　复制并修改合成名称

2）在"爪哇虎粒子"合成上双击将其打开，将"金蟾蜍粒子"图层名称改为"爪哇虎粒子"。在时间轴面板中选择 frog 图层，在项目面板中选择模型中的 Tiger1 模型素材，按住〈Alt〉键的同时，使用鼠标左键将其拖拽至时间轴面板的 frog 图层上进行替换。选择"爪哇虎粒子"图层，展开效果控件面板，修改 Form 中的"位置"参数为（800,540,0），"颜色"参数为 FF8400，如图 15-64 所示。

图 15-64　替换图层并设置参数

3）将时间指示器移至 4 秒处，选择"爪哇虎粒子"和 Tiger1 图层，按快捷键〈Ctrl+Shift+D〉，对图层进行裁切，将 4 秒后的图层名称分别修改为"爪哇虎粒子 2"和 Tiger2。在项目面板中选择模型中的 Tiger2 模型素材，按住〈Alt〉键的同时，使用鼠标左键将其拖拽至时间轴面板的 Tiger2 图层上进行替换；选择"爪哇虎粒子 2"图层，展开效果控件面板，修改 Form>"3D 模型设置">"模型"为 Tiger2，即爪哇虎在前 4 秒显示 Tiger1 模型姿态，后 4 秒显示 Tiger2 模型姿态，如图 15-65 所示。

4）按空格键进行预览，观察爪哇虎旋转姿态。快速按〈E〉键两次，展开图层表达式，修改表达式为 time * 40-150，即让爪哇虎从右向左旋转，如图 15-66 所示。

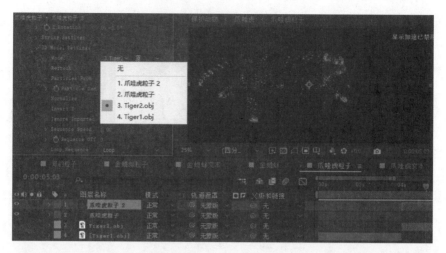

图 15-65　拆分图层

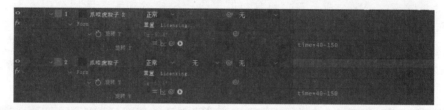

图 15-66　设置爪哇虎旋转姿态

15.2.6　制作爪哇虎文本效果

1）双击打开"爪哇虎文本"预合成，将"金蟾蜍文字说明"图层名称改为"爪哇虎文字说明"。将文字内容逐行修改为爪哇虎说明文字"爪哇虎　曾生活在印度尼西亚爪哇岛上 因生态环境破坏和人类捕杀，于 20 世纪 80 年代灭绝"。双击文字图层选中所有文字，在段落面板中设置文字右对齐；在字符面板中将文字填充颜色修改为 FF8400，不描边，如图 15-67 所示。

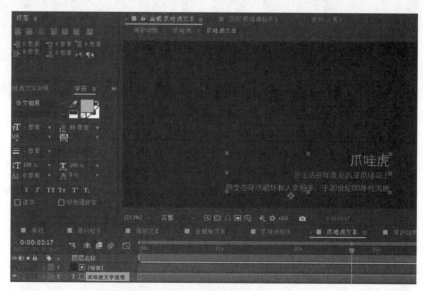

图 15-67　制作爪哇虎文本效果

2）按〈Ctrl+N〉键新建合成，在"合成设置"对话框中，将"合成名称"改为"爪哇虎"，"持续时间"设置为 8 秒钟，将"爪哇虎粒子"和"爪哇虎文本"合成拖入时间轴面板。按空格键进行预览，满意后按〈Ctrl+S〉键进行保存。

15.2.7　整合所有合成制作成片

1）按〈Ctrl+N〉键新建合成，在"合成设置"对话框中，将"合成名称"改为"保护动物"，"持续时间"设置为 30 秒，如图 15-68 所示。

2）打开"海豹"合成，将合成出点设置在 8 秒处，并按〈Ctrl+Shift+X〉键裁剪合成。将"海豹"、"金蟾蜍"和"爪哇虎"三个合成拖至时间轴面板，将"金蟾蜍"图层入点拖至 8 秒处，"爪哇虎"图层入点拖至 16 秒处，如图 15-69 所示。

图 15-68　新建"保护动物"合成

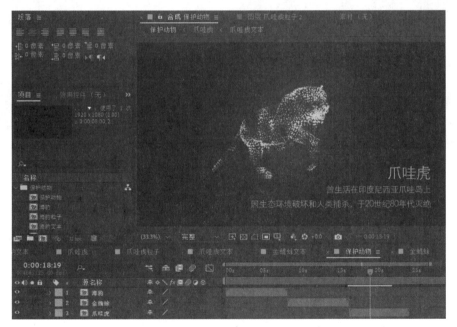

图 15-69　在时间轴面板中排列图层

15.2.8　制作主题文字动画效果

1）在工具栏中选择文字工具创建文本图层，输入"保护动物 从你我做起"，在字符面板中设置"字体"为隶书，"字体大小"为 150 像素，"行距"为 250 像素，"字符间距"为-30。选择文字图层，拖拽文字居中显示，如图 15-70 所示。

2）选择文字图层，按〈T〉键展开其"不透明度"属性。将时间指示器移至 24 秒处，设置"不透明度"参数为 0，添加关键帧；将时间指示器移至 25 秒处，将"不透明度"参数设置为 100%；将时间指示器移至 29 秒处，添加关键帧；将时间指示器移至 30 秒处，设置"不透明度"

参数为 0，制作文字淡入淡出效果，如图 15-71 所示。

图 15-70　创建文字图层

图 15-71　制作文字淡入淡出效果

15.2.9　添加背景音乐并输出成片

在项目面板中导入"背景音乐"素材，在时间轴面板中展开图层的"波形"属性，将时间指示器移至 1 秒 8 帧处，按快捷键〈Alt+[〉，设置图层入点；将时间指示器移至 0 秒处，按快捷键〈[〉，将图层入点与时间指示器对齐。将时间指示器移至 29 秒处，为"音频电平"添加关键帧；将时间指示器移至 30 秒处，将"音频电平"设置为−50，制作背景音乐淡出的效果。按空格键进行预览，满意后按〈Ctrl+S〉键保存工程文件，按〈Ctrl+M〉键渲染输出成片效果，如图 15-72 所示。

图 15-72　添加背景音乐并渲染输出成片

【项目小结】

本项目利用 AE 软件常用特效命令制作了电闪雷鸣和保护动物两个特效。特效制作是影视和广告制作中的重要环节，它能够丰富视觉体验，增强故事情节的吸引力。在后期制作中，特效合成需要精细处理，确保与实拍素材无缝融合，避免出现不自然或光影不匹配等问题。

【技能拓展：瑞雪纷飞】

创作思路：利用雪景素材，制作雪花纷飞的特技效果，并添加风声音效。

制作要求如下。

1) 拍摄或利用 AI 技术生成白雪皑皑的雪景图片或视频片段。

2) 利用 AE 软件"效果">"模拟">CC Snowfall，制作雪花随风飘落的效果。

3) 为作品添加北风呼啸的声音效果，输出 .mp4 格式的视频。

【课后习题】

一、单选题

1. 在影视剧特效制作中，(   )特效通常用于模拟雷电的效果。

A. 粒子系统   B. 光学补偿   C. 高级闪电   D. 发光特效

2. (   )软件常用于制作高质量的火焰特效。

A. Adobe Photoshop   B. Autodesk Maya   C. Adobe Audition   D. CorelDRAW

3. 制作爆炸特效时，通常需要用到的物理模拟技术是(   )。

A. 流体模拟   B. 刚体模拟   C. 角色动画   D. 运动跟踪

4. 在影视特效中，(   )技术可以用来增强闪电的视觉冲击力。

A. 色彩分级   B. 动态模糊   C. 3D 建模   D. 声音混合

5. 在影视特效中，(   )可以用来实现爆炸后的烟雾效果。

A. 粒子系统   B. 颜色校正   C. 波形变形   D. 分形杂色

二、判断题

1. 在影视特效中，闪电效果通常通过实际拍摄实现，而不是后期制作。   (   )

2. 火光特效可以通过粒子系统来实现，以模拟火焰的动态变化。   (   )

3. 在制作爆炸特效时，物理模拟技术通常用于模拟爆炸产生的冲击波和碎片飞散。   (   )

4. Houdini 是一款常用于制作复杂火焰和爆炸特效的软件。   (   )

5. 在后期制作中，添加闪电效果通常不需要使用合成技术。   (   )

6. Adobe Illustrator 是业内常用的火光特效制作标准工具。   (   )

7. 在影视特效中，流体模拟技术可以用于制作逼真的爆炸效果。   (   )

8. 粒子系统在制作烟雾和火焰特效时非常有效。   (   )

三、简答题

1. 什么是粒子系统，它在特效制作中有哪些应用？

2. Adobe After Effects 在闪电特效制作中有哪些常用工具和插件？

3. 在制作火光特效时，如何确保火焰与场景光照匹配？

参 考 文 献

［1］高文铭，祝海英 . After Effects 影视特效设计教程 ［M］. 4 版 . 大连：大连理工大学出版社，2022.

［2］唯美世界 . 中文版 After Effects CC 从入门到精通（微课视频 全彩版）［M］. 北京：中国水利水电出版社，2019.

［3］李涛 . Adobe After Effects CC 高手之路 ［M］. 北京：人民邮电出版社，2018.

［4］水木居士 . After Effects 全套影视特效制作典型实例 ［M］. 北京：人民邮电出版社，2021.

［5］吴桢，王志新，纪春明 . After Effects CC 影视后期制作实战从入门到精通 ［M］. 北京：人民邮电出版社，2017.

［6］精鹰传媒 . After Effects 印象：影视后期特效插件高级技法精解 ［M］. 北京：人民邮电出版社，2017.